数字化人才职场赋能系列丛书

# 深度学习
## 自然语言处理实战

开课吧◎组编

张 楠 苏 南 王贵阳 梁培力 金纾羽◎编著

机械工业出版社
CHINA MACHINE PRESS

近年来，基于深度学习方法的自然语言处理（NLP）已逐渐成为主流。本书共 8 章，主要介绍自然语言处理任务中的深度学习技术，包含深度学习理论基础、深度学习的软件框架、语言模型与词向量、序列模型与梯度消失/爆炸、卷积神经网络在 NLP 领域的应用、Seq2Seq 模型与 Attention 机制、大规模预训练模型、预训练语言模型 BERT，还给出了自然语言处理技术的高级应用和开发实例，并收录了基于 PyTorch 深度学习框架的部分实践项目，本书每章均配有重要知识点串讲视频。

本书既可作为人工智能、计算机科学、电子信息工程、自动化等专业的本科生及研究生教材，也可作为自然语言处理相关领域的研究人员和技术人员的参考资料。

**图书在版编目（CIP）数据**

深度学习自然语言处理实战／张楠等编著．—北京：机械工业出版社，2020.8（2021.7 重印）

（数字化人才职场赋能系列丛书）

ISBN 978-7-111-66014-9

Ⅰ．①深… Ⅱ．①张… Ⅲ．①自然语言处理 Ⅳ．①TP391

中国版本图书馆 CIP 数据核字（2020）第 118295 号

机械工业出版社（北京市百万庄大街 22 号 邮政编码 100037）

策划编辑：尚 晨 责任编辑：尚 晨 陈崇昱

责任校对：张艳霞 责任印制：张 博

三河市国英印务有限公司印刷

2021 年 7 月第 1 版·第 2 次印刷

184mm×260mm · 12.5 印张 · 303 千字

标准书号：ISBN 978-7-111-66014-9

定价：59.90 元

电话服务 网络服务

客服电话：010-88361066 机 工 官 网：www.cmpbook.com

　　　　　010-88379833 机 工 官 博：weibo.com/cmp1952

　　　　　010-68326294 金 书 网：www.golden-book.com

**封底无防伪标均为盗版** 机工教育服务网：www.cmpedu.com

# 致数字化人才的一封信

如今，在全球范围内，数字化经济的爆发式增长带来了数字化人才需求量的急速上升。当前沿技术改变了商业逻辑时，企业与个人要想在新时代中保持竞争力，进行数字化转型不再是选择题，而是一道生存题。当然，数字化转型需要的不仅仅是技术人才，还需要能将设计思维、业务场景和 ICT 专业能力相结合的复合型人才，以及在垂直领域深度应用最新数字化技术的跨界人才。只有让全体人员在数字化技能上与时俱进，企业的数字化转型才能后继有力。

2020 年对所有人来说注定是不平凡的一年，突如其来的新冠肺炎疫情席卷全球，对行业发展带来了极大冲击，在各方面异常艰难的形势下，AI、5G、大数据、物联网等前沿数字技术却为各行各业带来了颠覆性的变革。而企业的数字化变革不仅仅是对新技术的广泛应用，对企业未来的人才建设也提出了全新的挑战和要求，人才将成为组织数字化转型的决定性要素。与此同时，我们也可喜地看到，每一个身处时代变革中的人，都在加快步伐投入这场数字化转型升级的大潮，主动寻求更便捷的学习方式，努力更新知识结构，积极实现自我价值。

以开课吧为例，疫情期间学员的月均增长幅度达到 300%，累计付费学员已超过 400万。急速的学员增长一方面得益于国家对数字化人才发展的重视与政策扶持，另一方面源于疫情为在线教育发展按下的"加速键"。开课吧一直专注于前沿技术领域的人才培训，坚持课程内容"从产业中来到产业中去"，完全贴近行业实际发展，力求带动与反哺行业的原则与决心，也让自身抓住了这个时代机遇。

我们始终认为，教育是一种有温度的传递与唤醒，让每个人都能获得更好的职业成长的初心从未改变。这些年来，开课吧一直以最大限度地发挥教育资源的使用效率与规模效益为原则，在前沿技术培训领域持续深耕，并针对企业数字化转型中的不同需求细化了人才培养方案，即数字化领军人物培养解决方案、数字化专业人才培养解决方案、数字化应用人才培养方案。开课吧致力于在这个过程中积极为企业赋能，培养更多的数字化人才，并帮助更多人实现持续的职业提升、专业进阶。

希望阅读这封信的你，充分利用在线教育的优势，坚持对前沿知识的不断探索，紧跟数字化步伐，将终身学习贯穿于生活中的每一天。在人生的赛道上，我们有时会走弯路、会跌倒、会疲惫，但是只要还在路上，人生的代码就由我们自己来编写，只要在奔跑，就会一直矗立于浪尖！

希望追梦的你，能够在数字化时代的澎湃节奏中"乘风破浪"，我们每个平凡人的努力学习与奋斗，也将凝聚成国家发展的磅礴力量！

慧科集团创始人、董事长兼开课吧 CEO　方业昌

# 前言

随着信息时代的到来,数字化经济革命的浪潮正在大刀阔斧地改变着人类的工作方式和生活方式。在数字化经济时代,从抓数字化管理人才、知识管理人才和复合型管理人才教育入手,加快培养知识经济人才队伍,为企业发展和提高企业核心竞争能力提供强有力的人才保障。目前,数字化经济在全球经济增长中扮演着越来越重要的角色,以互联网、云计算、大数据、物联网、人工智能为代表的数字技术近几年发展迅猛,数字技术与传统产业的深度融合释放出巨大能量,成为引领经济发展的强劲动力。

自然语言处理作为深度学习的重要组成部分之一,已经成为机器语言和人类语言之间沟通的桥梁,起到了人机交流的作用。其发展速度在深度学习技术出现后得到了极大提高,机器学习、深度学习这些曾经仅仅掌握在少数科学家手中的技术已经融入我们的生活。自然语言处理可以分为两个核心任务:自然语言理解与自然语言生成。自然语言理解就是使机器能够具备人类的语言理解能力,可以理解为让计算机"听"懂我们在说什么;而自然语言生成则是将非语言格式的数据转换成人类可以理解的语言格式,也就是将计算机想"讲"的话"说"出来。目前机器翻译、聊天机器人、舆情分析等自然语言的实际应用都可归类于这两大核心任务。

《深度学习自然语言处理实战》作为一本结合理论与实践的参考书,不仅介绍了自然语言处理必备的理论知识,还深入讲解了自然语言处理任务的相关技术实现。读者可以通过本书全面地梳理自然语言处理领域的前沿知识,系统地理解自然语言技术脉络,并在需要寻找某些特定技术时获得一定的帮助。本书共8章。第1章介绍了深度学习理论的发展和基础知识,第2章讲解了PyTorch环境配置及常用操作,第3章介绍了自然语言处理的基础知识,包括词向量和语言模型等,第4章和第5章则分别给出了循环神经网络和卷积网络的理论及技术实现，第 6 章介绍了经典 Seq2Seq 模型和 Attention 机制，第 7 章和第 8 章分别介绍了多种大规模预训练模型（ELMo、Transformer、BERT 等）。系列丛书的每个章节后面都配有专属的二维码，读者扫描二维码即可获得作者对于本章节重点知识点的介绍视频，同时可以通过扫描二维码获得更多的学习资料。每本书同样配置有专属二维码，读者扫描二维即可获得本书对应的课程观看资格，同时可以参与其他的活动，获得更多的学习课程。

本书是集体智慧的结晶，写作成员包括张楠、苏南、王贵阳、梁培力、金纾羽。同时，感谢很多同事和朋友在写作过程中给予的协助。在写作过程中，我们从实际出发，考虑每一章节结合理论所需要的技术支持是怎样的，并给出实例，同时关注国内外关于自然语言处理的最新进展，并思考如何将这些技术真正传达给读者。

本书每章都配有专属二维码，读者扫描后即可观看作者对于本章重要知识点的讲解视频。扫描下方的开课吧公众号二维码将获得与本书主题对应的课程观看资格及学习资料，同时可以参与其他活动，获得更多的学习课程。此外，本书配有源代码资源文件，读者可登录 https://github.com/kaikeba 免费下载使用。

限于时间和作者水平，书中难免有不足之处，恳请读者批评指正。

编 者

# 目录

扫一扫观看串讲视频

# 第 1 章

# 深度学习理论基础

## 1.1 深度学习概况

### 1.1.1 深度学习的历史

在当前的社会工业生产和科学研究中，人工智能都扮演着重要的角色，但是目前阶段人工智能是先有人工，再有智能。人们在现存的海量数据的学习中找到数据后面隐藏的潜在规律以预测未知的事物。人工智能是一个很广的范畴，它是机器学习在学习人类智能方面的一个巨大的尝试和进步，这门科学是由计算机、心理学、生物学和哲学等多个学科共同组成的。

人工智能（Artificial Intelligence，AI）是一个综合性的领域，了解人工智能的范畴是很重要的。在人工智能中，包括了机器学习（Machine Learning，ML），深度学习（Deep Learning，DL）等。机器学习是人工智能的核心，也是智能化计算机的主要途径。它主要通过研究计算机是怎么模拟和实现人类的学习行为来获取新的知识和技能，然后不断修正自身的问题，使得知识结构不断得到改善。深度学习是基于机器学习的新研究方向，有时候人们会认为深度学习是更加复杂的机器学习。深度学习在推荐算法、数据挖掘、机器翻译、语言识别、计算机视觉（Computer Vision，CV），自然语言处理（Natural Language Processing，NLP）等方面有了长足的进步。它们的关系如图 1-1 所示。

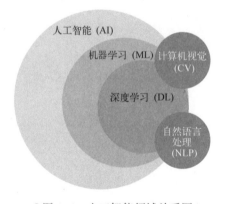

●图 1-1 人工智能领域关系图

因此，有人认为，人工智能是目的，是结果；而机器学习和深度学习是方法，是工具。

本书将主要介绍深度学习在自然语言处理应用中的方法和实践。纵观深度学习的历史，可以发现这门学科可以追溯到 1943 年由神经科学家麦卡洛克（W. S. McCulloch）和数学家皮兹（W. Pitts）在《数学生物物理学公告》上发表的论文《神经活动中内在思想的逻辑演算》（A Logical Calculus of the Ideas Immanent in Nervous Activity）。这两位科学家在当年已经建立了神经网络和数学模型，称为 MCP 模型。MCP 模型其实就是按照生物神经元的结构和工作原理构造出来的一种抽象和简化了的模型，也就诞生了所谓的"模拟大脑"，人工神经网络的大门由此开启。

1958 年，计算机科学家罗森布拉特（Rosenblatt）提出了感知机（Perceptron）这个由两层神经元组成的神经网络，并将 MCP 用于机器分类。1969 年，美国人工智能学者马文·明斯基（Marvin Minsky）在证明了感知机本质上是一种线性模型（Linear Model）后认为，它只能处理线性分类问题，这就等于直接否定了感知机的作用，神经网络的研究也因此陷入了将近 20 年的停滞。

1986 年，人工智能领域三大奠基人之一的杰弗里·辛顿（Geoffrey Hinton）提出了反向传播（Back Propagation，BP）算法，这种算法使用 Sigmoid 函数进行了非线性映射以解决多层感知机中的非线性分类和学习的问题，这引发了神经网络的第二次热潮。1991 年，有研究者指出了反向传播算法存在着梯度消失的问题，使得无法对前面的层进行学习，这导致了深度学习的发展第二次陷入停滞。

2006 年，杰弗里·辛顿又提出了"无监督预训练对权值进行初始化+有监督训练进行微调"以解决深层网络训练中梯度消失的问题，由此开始了深度学习的浪潮，这一年也被称为深度学习元年。2011 年，ReLU 激活函数被提出用以解决梯度消失的问题。同年，微软研究院和谷歌公司的语音识别研究人员先后采用深度神经网络（Deep Neural Network，DNN）技术降低了语音识别中的错误率，达到了 20%～30%，是语音识别领域十多年来最大的突破性进展。

2016 年 3 月，由谷歌公司旗下 Deepmind 公司开发的 AlphaGo 在公开的围棋大赛上以 4∶1 的总比分击败了围棋世界冠军——职业九段棋手李世石后一举成名。在 2017 年 5 月举行的中国乌镇围棋峰会上，它再次以 3∶0 的总比分击败了当时排名世界第一的围棋冠军柯洁，深度学习展示出来的学习能力和潜在的能量为业界所重视。

目前，人工智能领域已经成为最火热的领域之一，它是一个具有众多应用和研究课题的领域，并仍然在蓬勃发展。

## 1.1.2　"无所不能"的深度学习

纵观深度学习的整个历史进程，我们发现深度学习在工业生产、社会生活、科学研究中都发挥了巨大的作用。在产业界，深度学习得到了很多实际的应用，在智能助手方向上有诸如苹果公司的 Siri，亚马逊公司的 Alexa，小米公司的小爱同学，百度公司的小度等；在智能工业方面，如百度公司发布的阿波罗平台计划，特斯拉、Waymo 等公司开发的无人驾驶汽车；在智慧城市和智慧交通等多个领域，深度学习都已经让行业发生了翻天覆地的变化。

自然语言处理作为深度学习的重要组成部分之一，已经成为机器语言和人类语言之间沟通的桥梁，实现了人机之间交流的作用。自然语言处理可以分为两个核心任务：自然语言理解与自然语言生成。自然语言理解就是可以使机器能够具备人类的语言理解能力，自然语言生成是将非语言格式的数据转换成人类可以理解的语言格式。在这些范畴内，自然语言处理算法已经有了很多应用。自然语言处理的应用场景有如下的例子：

机器翻译（Machine Translation）：2016 年 11 月，谷歌公司基于 Seq2Seq 模型发布了谷歌神经机器翻译系统，实现了语言之间的直译技术，并在多项翻译任务上实现了提升。此外，国内的百度、有道、金山等公司在翻译国内的语料库方面也进行了大量的尝试，同时推出了针对文本的翻译产品。这些巨头公司常用的机器翻译模型有 Seq2Seq、BERT、GPT、GPT-2 等。

聊天机器人（Chatbot）：其实，交流不仅仅是存在于生物之间，自然语言处理让人与机器也可以进行顺畅的聊天。微软小冰、小米公司的小爱同学等机器助理的发展让人们都感受到了它们的价值，尤其是当自然语言处理遇到物联网，智能音箱作为目前的主要流量入口之一，已经让用户和生产商越来越注重自然语言处理的发展。同时，聊天机器人可以通过机器实现与人类对话，对简单的问题进行自动回复，提升了用户满意度和效率。在一些电商网站、游戏平台，智能客服已经帮助雇主显著地提升了服务质量。

情感分析（Sentiment Analysis）：这是指利用自然语言处理和文本挖掘技术，对带有情感的主观性文本进行分析、处理和提取的过程。在现在的社会生活中，互联网上每天都会产生大量的文本信息，这些信息表达的内容是多种多样的。通过情感分析，可以快速掌握目前用户的舆情信息。

自动语音识别（Automatic Speech Recognition，ASR）：Siri 在苹果公司产品的应用就是典型的语音识别的应用。还有微信、钉钉等应用中的语音转文字以及输入法中的语音输入转换成文字输出都使用了语音识别。

与此同时，深度学习也促使机器人学、物流管理、生物学、物理学和天文学等其他科学取得了长足的进步，深度学习已经逐渐变成一个让企业和学界都重视的工具，人工智能与工业互联网等领域势必成为未来科技发展的重要方向。

以上种种都说明，在未来，以自然语言处理为代表之一的深度学习应用会影响到生活的方方面面。这是否意味着人类终有一天会被机器所取代呢？笔者认为，任何技术的进步都是挑战与机遇并存，在被机器取代的同时，更多新的工作机会也将在未来被发现，因此，认真学好技术才是安身立命之本。我们不能改变技术的进步，但是可以从现在开始好好学习每一章节的内容。

## 1.2　深度学习神经网络

深度学习是从海量数据中学习的方法，它是从不同层数的神经网络提取数据特征，层数越高，这些被提取的特征可能越抽象。深度学习中的"深度"就是在这些神经网络结构中的连续的表示层，模型中包含多少层就是网络结构的深度。现在的深度学习网络一般都包含了几十个甚至上百个表示层，这些表示层组成的神经网络都会从我们设定的训练数据集中进行学习。深度学习最终的表现受到的最大制约是输入神经网络模型中的数据集，算法的不断迭代和更新促使我们更好地学习数据集。

深度学习神经网络是一种计算学习系统，它使用功能网络来理解并将一种形式的数据输入转换为所需的输出（通常为另一种形式）。人工神经网络的概念受到了生物学和人类大脑神经元共同发挥作用来理解人类感官输入方式的启发。神经网络只是深度学习算法中使用的许多工具和方法之一。神经网络本身可以在许多不同的深度学习算法中作为一部分，以便将复杂的数据输入处理到计算机可以理解的空间中。

使用神经网络的深度学习算法，通常不需要通过定义对输入的期望的特定规则进行编程。相反，神经网络学习算法通过处理训练期间提供的许多带标签的示例（即带有"答案"的数据）来学习，并使用此答案来学习输入的哪些特征以构造正确的输出。一旦处理了足够多的示例，神经网络就可以开始处理看不见的新输入并成功返回准确的结果。程序看到的示例和输入的种类越多，结果通常就越准确，因为程序是根据经验学习的。

深度学习的发展受到了神经生物学的启发，一些核心概念都是从神经生物学中的既有概念得到的。深度学习机制与神经传导机制的对比如图1-2所示，但是深度学习只是借鉴了神经生物学的一些灵感，两者的学习机制并不是相同的，此处需要向读者进行声明。目前，神经网络已应用于许多现实生活中的问题，其中包括语音和图像识别、垃圾邮件过滤、财务和医疗诊断等。

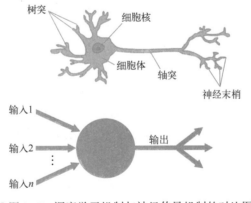

●图1-2 深度学习机制与神经传导机制的对比图

## 1.2.1 神经网络

通过一个示例可以更好地理解深度学习神经网络这个概念。想象一下尝试在文本中如何将"我爱你中国"合理地分词。尽管这对于人类来说很容易理解，但是使用经典方法训练计算机来进行分辨要困难得多。考虑到"我爱你中国"在文本上的分词可能存在多种可能性，因此当文本变长时几乎不可能编写用于说明每种情况的代码。但是，使用深度学习，尤其是神经网络，该程序可以更好地理解文本中的内容。通过使用几层函数将文本分解为计算机可以使用的数据点和信息，神经网络可以判断许多示例中存在的趋势，并根据文本的相似性对其进行处理和分词。

图 1-3 中，最左侧的第一列为输入层（Input Layer），输入神经网络的所有数据都是从这一层输入的，此处标记为第 0 层。中间第二列为中间层，但是大部分情况下我们称之为隐藏层（Hidden Layer）。因为这一层是对输入的数据进行处理的层，我们只能看到输入的数据和输出的数据，看不到数据在这些层中是如何被加工、提取特征并且返回的，类比于肉眼看不到的神经元，所以在这里的所有层都被变为隐藏层，这一层被标记为第 1 层（层数多时，会有多个隐藏层）。右边第三列，我们称之为输出层（Output Layer），这层将输出我们需要得到的结果，这层被标记为第 2 层。

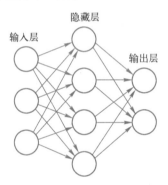

●图 1-3　神经网络结构图

一般情况下，神经网络是从隐藏层开始计算层数的，第 0 层的输入层不计入神经网络层数。这个神经网络是一个最简单的两层神经网络，后续所有需要应用的深度学习神经网络都是在此基础上形成的。

神经网络可以应用于各种各样的问题，并且可以评估许多不同类型的输入，包括图像、视频、文件、数据库等。它们也不需要显式编程即可解释这些输入的内容。由于神经网络提供了通用的解决问题的方法，因此该技术可以应用的领域几乎没有限制。当今神经网络的一些常见应用包括图像/模式识别、自动驾驶车辆轨迹预测、面部识别、数据挖掘、电子邮件中的垃圾邮件过滤、医学诊断和癌症研究。如今，神经网络的用途还有很多，并且使用率正在迅速提高。

## 1.2.2　隐藏层

在神经网络中，隐藏层位于输入层和输出层之间，它的功能是将权重应用于输入层输入的数据，并通过激活函数将其转化为输出层的数据。简而言之，隐藏层对输入到网络中的输入执行非线性变换。隐藏的层取决于神经网络的功能，并且类似地，这些层可以根据其相关的权重而变化。

隐藏层在神经网络中很常见，但是用法和体系结构经常因情况而异。它是几乎任何神经网络的典型部分，可以在其中模拟人脑中所进行的活动的类型。隐藏层中的人工神经元都像大脑中的生物神经元一样工作——它吸收概率输入信号，对其进行处理，并将其转换为与生物神经元轴突相对应的输出。深度学习模型的许多分析都集中在神经网络中隐藏层的构建上，设置这些隐藏层以生成各种结果的方法有多种。例如，专注于图像处理的卷积神经网络、常用的循环神经网络以及可直接用于训练数据的简单前馈神经网络。

## 1.2.3 梯度下降

在使用深度学习神经网络模型进行训练时，输入层输入的数据经过模型的转化，会从输出层输出一个结果，因此，需要判断这个结果和真实值之间的差异，一般是差异值越小越好。梯度下降（Gradient Descent）方法可以很好地评估这个差异。

我们以经典的房价预测模型来帮助理解梯度下降算法。现在，给定历史房屋数据，需要创建一个模型，该模型在给定房屋面积（$1\,\text{ft}^2 = 0.093\,\text{m}^2$）的情况下预测新房屋的价格。

让我们从绘制历史住房数据开始，如图1-4所示。

| 房屋面积 $x/\text{ft}^2$ | | | | | | | | | |
|---|---|---|---|---|---|---|---|---|---|
| 1100 | 1400 | 1425 | 1550 | 1600 | 1700 | 1800 | 1875 | 2350 | 2450 |
| 房屋价格 $y$(元) | | | | | | | | | |
| 199000 | 245000 | 319000 | 219000 | 312000 | 279000 | 305000 | 308000 | 405000 | 324000 |

●图1-4 房屋面积与对应的房屋价格

现在，使用简单的线性模型（在历史数据上拟合一条线）来预测给定面积（$x$）的新房子（$y_{\text{pred}}$）的价格，如图1-5所示。

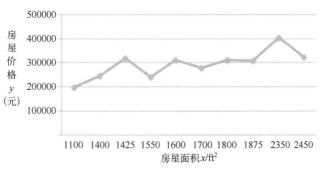

●图1-5 新房子价格预测图

如图 1-6 所示，点画线给出了给定房屋面积（$x$）的预计房价（$y_{pred}$）。

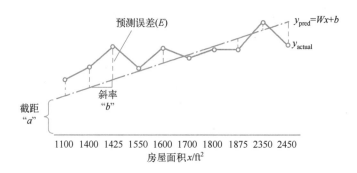

●图 1-6　给定房屋面积的预计房价

实线提供了历史数据中的实际房价，$y_{actual}$ 和 $y_{pred}$ 之间的差异（由虚线给出）是预测误差（$E$）。

因此，我们需要找到一条具有最佳 $a$、$b$ 值（称为权重）的线，以减小预测误差并提高预测精度，使其最适合历史数据。因此，我们的目标是找到最佳的 $a$、$b$，以最小化房屋实际价格和预测价格之间的误差。

平方和误差（Sum of Squared Errors，SSE）$= 1/2 \sum (y_{actual} - y_{pred})^2$

这是梯度下降出现的地方。梯度下降是一种优化算法，可找到减小预测误差的最佳权重（$W$, $b$）。

现在，让我们逐步了解梯度下降算法：

（1）使用随机值初始化权重（$W$ 和 $b$），然后计算误差（SSE）；

（2）计算梯度，即当权重（$W$ 和 $b$）从其随机初始化值改变很小的值时，SSE 的变化。这有助于我们在使 SSE 最小化的方向上改变 $W$ 和 $b$ 的值；

（3）使用梯度调整权重以达到最佳值，即 SSE 最小化；

（4）使用新的权重进行预测并计算新的 SSE；

（5）重复第（2）步和第（3）步，直到 SSE 不再显著减少。

如果线性函数能够很好地拟合到这个模型的数据，那么，就可以通过这个方法最后得到接近实际房价的预测值。但是在实际操作中，我们发现线性函数所拟合的数据结果往往并不能很好地将预测的结果与实际的结果贴合，因此，我们就需要增加一些权重使得线性函数变为非线性函数［一般标记为 $F(x)$］来进行拟合：

$$y_{pred} = F(x) = w_1 x_1 + w_2 x_2 + \cdots + w_n x_n + b = Wx + b$$

这个非线性的函数可以被看作两个一维向量 $W$ 和 $x$ 的乘积加上一个一维向量 $B$。但是在大多数情况下，由于偏置 $B$ 的维度远低于权重 $W$，将其省略后对函数的影响微乎其微，因此，一般情况下可以标记为 $F(x) = Wx$。

梯度下降的函数又称成本函数（Cost Function），标记为如下的函数：$J(W, b) = y - F(x)$。成本函数如图 1-7 所示。

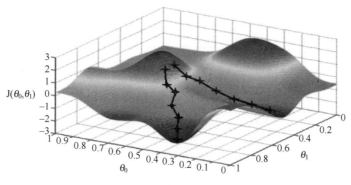

●图 1-7　成本函数示意图

## 1.2.4　激活函数

有一种说法认为："没有激活函数的神经网络实质上只是线性回归模型"，激活函数在神经网络中占据着重要的位置。激活函数通过计算加权和并进一步增加偏差来决定是否要激活神经元。激活函数的目的是将非线性引入神经元的输出中。它可以对输入进行非线性转换，使其能够学习和执行更复杂的任务。

我们在 1.2.3 节中对神经元进行数据运算时用的是 $F(x) = Wx$，现在以此来进行计算。

第一层的计算结果为 $y_{\text{pred}(1)} = W_{(1)}x + b_{(1)}$，激活值为 $A_{(1)} = y_{\text{pred}(1)}$。

第二层的计算结果为 $y_{\text{pred}(2)} = W_{(2)}(A_{(1)}) + b_{(2)}$，激活值为 $A_{(2)} = y_{\text{pred}(2)}$。

将第二层的计算结果展开，可得如下公式：

$$y_{\text{pred}(2)} = W_{(2)}(W_{(1)}x + b_{(1)}) + b_{(2)}$$
$$y_{\text{pred}(2)} = (W_{(2)}W_{(1)})x + (W_{(2)}b_{(1)} + b_{(2)})$$

令 $W_{(2)}W_{(1)} = W$，$W_{(2)}b_{(1)} + b_{(2)} = b$，最终输出

$$y_{\text{pred}(2)} = Wx + b$$

由上述推演过程可以看出，即使应用了隐藏层，输出的结果仍会是线性函数。因此可以得出结论：无论神经网络中连接多少个隐藏层，所有层的行为方式都相同，因为两个线性函数的组合仍是线性函数。神经元仅凭其线性无法学习。非线性激活函数将使其根据差异误差进行学习。因此，我们需要激活函数。

以下为目前常用的几种激活函数，可以根据实际的业务场景选择合适的激活函数进行使用。

（1）线性函数

公式：$y = ax$。

无论有多少层，如果使用线性激活函数，模型本质上都是线性的。

取值范围：$(-\inf, +\inf)$。

用途：线性激活函数仅在一个地方使用，即输出层。

（2）Sigmoid 函数

公式：$y = 1/(1+e^{-x})$。

性质：非线性。请注意，$x$ 值介于-2 与 2 之间时，$y$ 值非常陡峭。这意味着在该区间 $x$ 值的一点变化也会导致 $y$ 值的剧大变化。

取值范围：$(0,1)$。

用途：通常在二分类的输出层中使用，结果为 0 或 1，因为 Sigmoid 函数的值仅介于 0 和 1 之间，如果值大于 0.5，则可以将结果预测为 1，否则，结果为 0。Sigmoid 函数如图 1-8 所示。

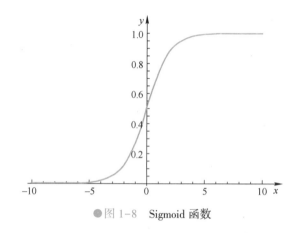

●图 1-8　Sigmoid 函数

（3）tanh 函数

比 Sigmoid 函数更好的激活是 tanh 函数，也称为双曲正切函数。它实际上是 Sigmoid 函数的数学变体版本。两者是相似的，可以相互推导。

公式：$f(x) = \tanh(x) = 2/(1+e^{-2x})-1$

或者 $\tanh(x) = 2\,\text{sigmoid}(2x)-1$

取值范围：$(-1,1)$。

性质：非线性。

用途：通常用于神经网络的隐藏层，它的值介于-1 与 1 之间，隐藏层的均值为 0 或非常接近，因此有助于通过使均值接近 0 来使数据居中，这使学习下一层变得容易得多。Tanh 函数如图 1-9 所示。

（4）ReLU 函数

ReLU（Rectified Linear Unit，ReLU）函数也称修正线性单元，是使用最广泛的激活函数，主要在神经网络的隐藏层中使用。

公式：$A(x) = \max(0,x)$。如果 $x$ 为正，则给出输出 $x$；否则，为 0。

取值范围：$[0,\text{inf})$。

性质：非线性。这意味着我们可以轻松地向后传播偏差，并且 ReLU 函数可以激活多层神经元。

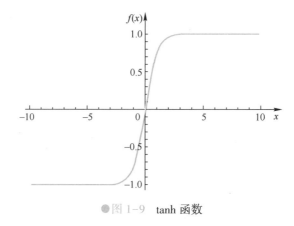

●图 1-9　tanh 函数

用途：ReLU 函数比 tanh 函数和 Sigmoid 函数更加节省资源，因为它涉及更简单的数学运算。一次只有少数神经元被激活，使得网络稀疏，从而使其高效且易于计算。ReLU 函数如图 1-10 所示。

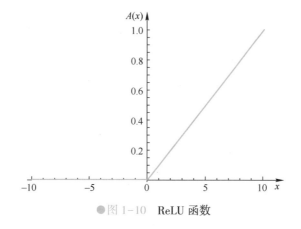

●图 1-10　ReLU 函数

（5）Softmax 函数

Softmax 函数是 Sigmoid 函数的一种变体，适合处理多分类问题。

性质：非线性。

用途：通常在尝试处理多个类时使用。Softmax 函数会将每个类别的输出压缩在 0 和 1 之间，并且除以输出的总和。Softmax 函数更适用于分类器的输出层。

一般情况下，可以根据自己或者其他人的经验选择合适的激活函数，如果真的不确定应该使用哪种激活函数，应优先选择使用 ReLU 激活函数，因为它具有普适性。如果输出用于二分类，那么 Sigmoid 激活函数是很自然的选择。

## 1.2.5　权重初始化

权重初始化对深度学习神经网络最终的收敛有重要影响，合理的权重参数往往可以加速模型的训练。

（1）权重初始化的原因

假设我们的神经网络是一个包含 9 层隐藏层的神经网络，每个隐藏层包含了 2 个隐藏单元。网络的权重初始化设置为 $W_i(i=1,2,\cdots,9)$，偏置初始化设置为 0，激活函数设置为 ReLU 激活函数。结构如图 1-11 所示。

●图 1-11　9 层神经网络

在网络进行前向传播的过程中，如果在第 1 层输入的是 $(x_0^1, x_0^2)$，那么通过第 1 层隐藏层后，两个隐藏单元输出的值分别是 $\mathrm{ReLU}(W_1^1 x_0)$ 和 $\mathrm{ReLU}(W_1^2 x_0)$。如果 $W_1^1 = W_1^2$，那么这两个隐藏单元的输出值是一样的，也就是说这两个隐藏单元会导致相同的梯度。在训练过程中，这会产生对称性的训练，从而阻止不同神经元学习不同的事物。当 $W_1^1$ 和 $W_1^2$ 太大或者太小时，虽然打破了对称性，但是将会导致神经元的学习缓慢或者发散。因此，选择合适的初始化值非常重要。

在这个 9 层神经网络中，假设所有的激活函数是线性的（恒等函数），那么输出的预测值为

$$\hat{y} = a^{[L]} = W^{[L]} W^{[L-1]} W^{[L-2]} \cdots W^{[3]} W^{[2]} W^{[1]} x \tag{1.1}$$

其中，$L=10$，由于从第 1 层到第 9 层的神经元都是 2 个并且接收了 2 个输入，所以 $W^1$，$W^2, \cdots, W^{L-1}$ 都是 2×2 的矩阵。

假设 $W$ 都被初始化为 1.5，如下所示：

$$W^{[1]} = W^{[2]} = \cdots = W^{[L-1]} = \begin{bmatrix} 1.5 & 0 \\ 0 & 1.5 \end{bmatrix}$$

对应到式（1.1）中，可以看到这个输出的激活值 $a^{[L]}$ 是随着 $L$ 呈现指数级增长的，当这些激活值被用于反向传播时，会导致出现梯度爆炸问题。换言之，受限于参数的损失函数的梯度过大，导致损失函数在其最小值附近振荡。

假设 $W$ 都被初始化为 0.5，如下所示：

$$W^{[1]} = W^{[2]} = \cdots = W^{[L-1]} = \begin{bmatrix} 0.5 & 0 \\ 0 & 0.5 \end{bmatrix}$$

对应到式（1.1）中，可以看到这个输出的激活值 $a^{[L]}$ 是随着 $L$ 而呈现指数级下降的，当这些激活值被用于反向传播时，会导致出现梯度消失问题。换言之，受限于参数的损失函数的梯度过小，导致损失函数在达到最小值之前已经收敛。

由此可见，进行合理的参数初始化是非常重要的。

（2）如何找到合适的初始化权重值

为了防止梯度消失或者梯度爆炸，需要坚持以下原则：一是激活值的均值应该是 0；二

是每一层的激活值的方差应该保持一致。

在这两个原则下，反向传播的梯度信号就不会在任意层中被过小或过大的值相乘，从而不会出现梯度消失或者梯度爆炸的情况。

更加具体地，对于 $L$ 层，它的前向传播如下所示：

$$a^{[L-1]} = g^{[L-1]}(z^{[L-1]})$$

$$z^{[L]} = W^{[L]}a^{[L-1]} + b^{[L]}$$

$$a^{[L]} = g^{[L]}(z^{[L]})$$

此外，需要遵循以下的公式：

$$E(a^{[L-1]}) = E(a^{[L]})$$

$$\text{Var}(a^{[L-1]}) = \text{Var}(a^{[L]})$$

参数初始化时是为了让神经网络在训练过程中学习到有用的信息，这意味着参数梯度不应该为 0。

（3）Kaiming 初始化的概念与 PyTorch 实现

在计算机视觉的深度学习网络中，大部分情况下使用的激活函数都是 ReLU 激活函数，在这种情况下一般选择 Kaiming 初始化（又称为 He 初始化、Msra 初始化）。Kaiming 初始化是何凯明在推导 Resnet 网络的论文中提出的。文中提到了"正向传播时，状态值的方差保持不变；反向传播时，关于激活值的梯度的方差也保持不变。"

当单层使用 ReLU 激活函数时，其平均标准差将非常接近输入连接层数的平方根。代码如下所示：

```
import torch
import math
def relu(x):
  return x.clamp_min(0.)


mean, var = 0., 0.
for i in range(10000):
  x = torch.randn(512)
  a = torch.randn(512,512)
  y = relu(a @ x)
  mean += y.mean().item()
  var += y.pow(2).mean().item()
print('均值:', mean/10000, '平均标准差:', math.sqrt(var/10000))
print('输入连接层数的平方根:', math.sqrt(512/2))
```

输出的结果如下：

均值：9.026185391283036 平均标准差：16.001921749624053

输入连接层数的平方根：16.0

按输入连接层数的平方根缩放权重矩阵的值将导致每个单独的 ReLU 层平均具有 1 的标准差，如下所示：

```
mean, var = 0., 0.
for i in range(10000):
  x = torch.randn(512)
  w = torch.randn(512,512) * math.sqrt(2/512)
  y = relu(w @ x)
  mean += y.mean().item()
  var += y.pow(2).mean().item()
print('均值:', mean/10000,' 平均标准差:', math.sqrt(var/10000))
```

输出结果如下：

均值：0.564290143814683 平均标准差：1.0002175599305447

由上述所示，将层激活的标准差保持在 1 附近将使我们能够在深度神经网络中堆叠更多的层，而不会出现梯度爆炸或消失的情况。

何凯明团队据此提出了根据输入权重初始化的策略，如下所示：

1）在给定层上创建具有适合权重矩阵的维度的张量，并用服从标准正态分布的随机数字填充它。

2）将每个随机选择的数字乘以 sqrt(2/n)，其中 n 是从上一层的输出进入给定层的传入连接数。

3）偏置张量初始化设置为 0。

定义 Kaiming 初始化函数的代码如下所示：

```
def kaiming(m,h):
  return torch.randn(m,h)*math.sqrt(2./m)
```

Kaiming 初始化的均值和标准差：

```
x = torch.randn(512)
for i in range(100):
  w = kaiming(512,512)
  x = relu(w @ x)
print(x.mean(),x.std())
```

Kaiming 正态分布初始化器：它从以 0 为中心、标准差为 std ＝ sqrt(2/n) 的截断正态分布中抽取样本，其中 n 是权值张量中的输入单位的数量。

Kaiming 均匀分布初始化器：它从区间 [ −sqrt(6/n), sqrt(6/n) ] 的均匀分布中抽取样本，其中 n 是权值张量中的输入单位的数量。

当训练超过 30 层的卷积神经网络时，Kaiming 团队发现，如果采取 Kaiming 初始化的策略，这个网络会有较好的收敛。对于计算机视觉的任务，大部分情况下都是包含了 ReLU 激活函数和多个深层的层，因此，采取 Kaiming 初始化是一种比较好的策略。

## 1.2.6　正则化

正则化一词的意思是使事情变得规则或可以接受，这就是我们在深度学习中使用它的原因。正则化是一种通过在给定的训练集上适当拟合函数并避免过度拟合来减少错误的技术。正则化可以通过在误差函数中添加附加惩罚项来调整函数，附加项控制过度波动的函数，使系数无法取极值。在神经网络中，这种保持检查或减小误差系数值的技术称为权重衰减或权重增加。

我们知道，高斯噪声是目标变量与实际获得的输出值（遵循高斯分布）之间的偏差。这样做是为了表示任何现实世界数据集的情况，因为不存在没有任何噪声的完美数据。那么假设在数据集上的初始条件是目标变量 $y_{pred}$ 由实际值组成，并加上一些高斯噪声（Gaussian noise）：

$$y_{pred} = F(x, W) + \text{Gaussian noise}$$

在许多情况下，使用此误差函数通常会导致过度拟合。因此，引入了正则化项。引入正则化系数后，整体成本函数变为

$$J(x, W, b) = J(x, W, b) + \lambda \varphi(W)$$

其中，$\lambda$ 为控制权重 $W$ 的系数，可以通过改变 $\lambda$ 来达到控制权重大小的目的。

## 1.2.7　归一化

当网络层数比较深时，模型可能对初始随机权重和学习算法的配置敏感。因为在每次进行小批量处理（mini-batch）之后，当权重更新时，输入到网络深层的分布可能会发生变化。这可能导致学习算法永远追逐运动目标。网络中各层输入分配的这种变化称为内部协变量偏移（Internal Covariate Shift，ICS）。

（1）批量归一化

批量归一化（Batch Normalization）是用于训练深度学习模型的流行归一化方法之一。通过在训练阶段稳定层输入的分布，它可以实现对深度神经网络的更快、更稳定的训练。

为了改善模型中的训练，重要的是减少内部协变量偏移。批量归一化在这里通过添加控制层输入的均值和方差的网络层来减少内部协变量偏移。

批量归一化的优点如下：

1）批量归一化可减少内部协变量偏移（ICS）并加速深度神经网络的训练。

2）这种方法减少了梯度对参数或参数初始值的比例的依赖，从而提高了学习率，而没有发散的风险。

3）批量归一化可以通过防止网络陷入饱和模式来使用饱和非线性。

（2）权重归一化

权重归一化（Weight Normalization）是在深度神经网络中对权重向量进行重新参数化的过程，该过程通过将权重向量的长度与其方向解耦来进行。简单来说，可以将权重归一化定义为一种改善神经网络模型权重可优化性的方法。

权重归一化的优点如下：

1）权重归一化改善了优化问题的条件，并加快了随机梯度下降的收敛速度。

2）它可以成功应用于长短时记忆（Long Short-Term Memory，LSTM）等递归模型以及深度强化学习或生成模型。

（3）层归一化

层归一化（Layer Normalization）是提高各种神经网络模型训练速度的一种方法。与批量归一化不同，此方法直接从隐藏层内神经元的总输入中直接估算归一化统计量。层规范化基本上是为了克服批量规范化的缺点而设计的，例如依赖于小批量等。

层归一化的优点如下：

1）通过在每个时间步分别计算归一化统计量，可以轻松地将层归一化应用于递归神经网络。

2）这种方法有效地稳定了循环网络中的隐藏状态。

（4）组归一化

组归一化（Group Normalization）可以说是批量归一化的替代方法。该方法通过将通道划分为组并在每个组内计算均值和方差进行归一化（即对每个组内的特征进行归一化）来工作。与批量归一化不同，组归一化与批次大小无关，并且其准确性在各种批次大小中都很稳定。

组归一化的优点如下：

1）它具有取代许多深度学习任务中的批量归一化的能力。

2）只需几行代码，就可以轻松实现。

扫一扫观看串讲视频

# 第2章
# 深度学习的软件框架

## 2.1　环境配置

本书使用 PyTorch 深度学习框架进行讲解，因此，在使用之前，需要在计算机或者服务器端进行环境配置。

### 2.1.1　Anaconda

Anaconda 中集成了大部分经常使用的第三方库，并且可以很方便地获取所需要的其他库以便进行管理。同时，也可以很方便地对现存的库进行管理。Anaconda 在 pip install 命令的基础上加入了 conda install 命令，更加方便快捷。如果需要对已安装的库进行查询，可以使用 conda list 命令。

Anaconda 官方提供了基于 Windows、macOS 和 Linux 三个平台的版本，且可以选择基于 Python 3.7 或 2.7 的发行版，建议选择基于 Python 3.7 的版本进行学习。

目前的 Anaconda 可以在 macOS、Windows 和 Linux 系统下进行安装，硬件要求是 32 位或 64 位的系统，需要 3GB 的存储空间来存放安装包。当前大部分用户的计算机都能满足安装条件。

（1）在 macOS 系统上的安装

在所有的 macOS 系统上，建议优先选择 Anaconda 图形界面进行安装。安装步骤如下所示：

1）下载安装包。在 Anaconda 官方网站找到下载界面，如图 2-1 所示，单击 "64-Bit Graphical Installer" 按钮进行下载。

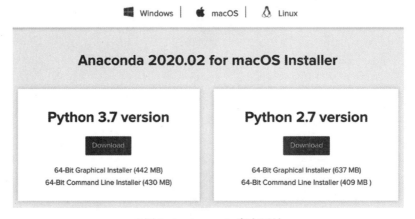

●图 2-1　Anaconda 官方网站

2）校验安装包。下载完成之后，可以选择使用 SHA-256 来校验 Anaconda 安装文件的数据完整性，这将生成安装文件的 SHA-256 加密哈希。通过与官网提供的哈希表进行匹配来决定是否进行安装，如果匹配无误，就可以开始下一步安装；如果不匹配，则需要再次下载。Anaconda 官网提供的哈希匹配对应表如图 2-2 所示。

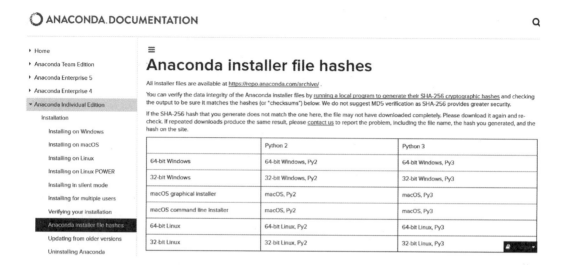

●图 2-2　Anaconda 官网提供的哈希匹配对应表

这一步在实际安装过程中会被大部分人忽略，笔者建议在安装前进行校验以防安装软件有错误。如果不提前进行校验的话，在后期的安装过程中可能出现问题，那样就将浪费大量的时间来解决软件问题，这将得不偿失。

3）安装过程。验证匹配完成之后，双击下载文件。如图 2-3 所示，进入如下界面，开始安装。

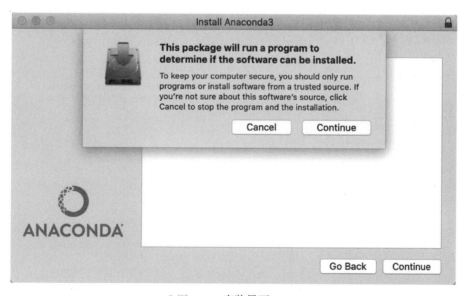

●图 2-3　安装界面（一）

单击"Continue"按钮后开始进行安装。进入安装界面后，如图 2-4 所示，连续单击出现的"Continue"按钮进入到如下界面。

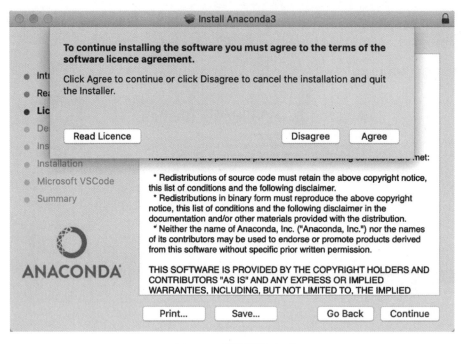

●图 2-4　安装界面（二）

单击"Agree"按钮进行到下一步安装。

如图 2-5 所示，可以选择继续安装，那么 Anaconda 就会安装在默认的用户目录下，如果需要进行更改的话，可以单击"Change Install Location"按钮进行更改。

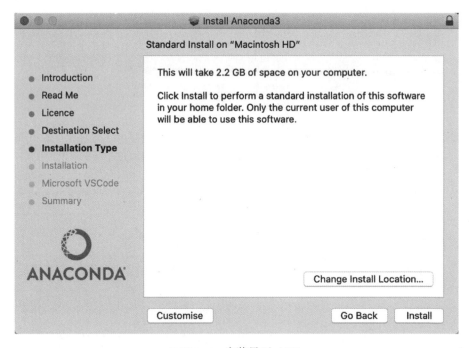

●图 2-5　安装界面（三）

单击"Change Install Location"按钮后进入更改安装目录的界面，如图 2-6 所示。在此界面下选择"Install for me Only"选项继续安装，但是一般不建议选择这种安装方法。

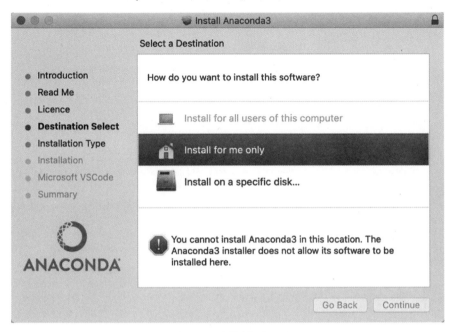

●图 2-6 安装界面（四）

如果收到如图 2-6 所示的错误消息如"You cannot install Anaconda3 in this location…"，解决方法是单击一下"Install on a specific disk"选项，再次单击"Install for me only"选项，然后进入如图 2-7 所示的界面，单击"Continue"按钮继续安装。

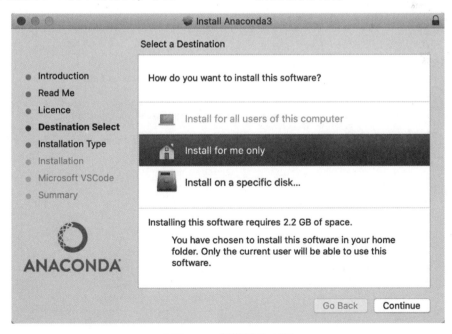

●图 2-7 安装界面（五）

进入如图 2-8 所示界面后，单击"Install"按钮开始安装。

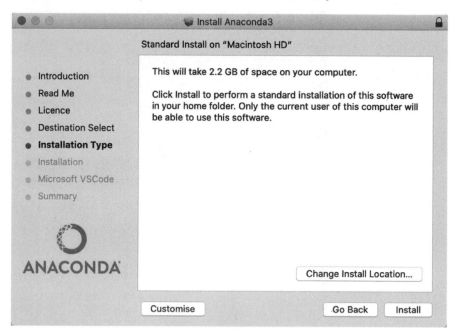

●图 2-8　安装界面（六）

在安装过程中，可以选择为 Anaconda 安装 Pycharm，但是建议在 Anaconda 安装完成后再到 Pycharm 官网进行下载安装。所以在这里选择不带 Pycharm 的 Anaconda，单击"Continue"按钮继续安装。

4）安装成功。成功安装完成后会显示如图 2-9 所示的界面。

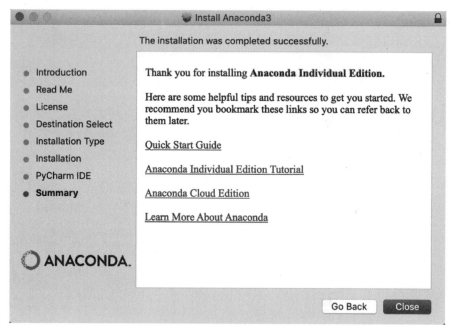

●图 2-9　完成安装界面

5）验证安装。在 Terminal 中输入命令"conda list"，如果安装成功，则会显示已经安装好的包和对应的版本号，如图 2-10 所示。

```
[Alans-MBP:~            $ conda list
# packages in environment at /Users/          /anaconda3:
#
# Name                    Version                   Build  Channel
_ipyw_jlab_nb_ext_conf    0.1.0                     py37_0
alabaster                 0.7.11                    py37_0
anaconda                  5.3.0                     py37_0
anaconda-client           1.7.2                     py37_0
anaconda-navigator        1.9.2                     py37_0
anaconda-project          0.8.2                     py37_0
appdirs                   1.4.3             py37h28b3542_0
appnope                   0.1.0                     py37_0
appscript                 1.0.1             py37h1de35cc_1
asn1crypto                0.24.0                    py37_0
astroid                   2.0.4                     py37_0
astropy                   3.0.4             py37h1de35cc_0
atomicwrites              1.2.1             py37h28b3542_0
attrs                     18.2.0            py37h28b3542_0
automat                   0.7.0                     py37_0
babel                     2.6.0                     py37_0
backcall                  0.1.0                     py37_0
backports                 1.0                       py37_1
backports.shutil_get_terminal_size 1.0.0                    py37_2
```

●图 2-10　conda list 命令

在 Terminal 中输入"python"，会进入 Python 的交互界面，并显示已安装的 Python 的版本号，如图 2-11 所示。

```
          :~         g$ python
Python 3.7.0 (default, Jun 28 2018, 07:39:16)
[Clang 4.0.1 (tags/RELEASE_401/final)] :: Anaconda, Inc. on darwin
Type "help", "copyright", "credits" or "license" for more information.
>>>
```

●图 2-11　Python 环境

6）完成安装。打开 Terminal，输入命令"jupyter notebook"然后按回车键，看看是否会在自己的浏览器中出现如图 2-12 所示的界面。

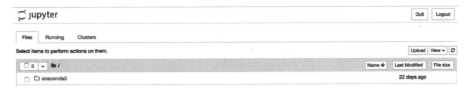

●图 2-12　Jupyter Notebook 界面

如果出现类似界面，就可以通过新建"Python 3"文件开始继续学习！

有些读者在 macOS 上习惯使用命令行安装程序，那么可以下载"64-bit Command Line Installer"，然后在 Terminal 中使用相关命令进行安装。后续安装过程与图形界面安装基本一致。

（2）在 Windows 系统上的安装

在 Windows 系统上的安装过程与在 macOS 上的安装过程基本一致。如图 2-13 所示，有一个要注意的地方是，在安装的过程中需要选择 "Add Anaconda3 to my PATH environment variable" 复选按钮，将安装的 Anaconda 添加到环境变量中，以便在后续使用时进行调用。

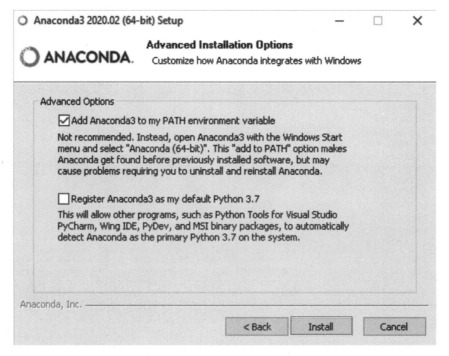

●图 2-13　在 Windows 系统上安装 Anaconda

同时，也可以选择 "Register Anaconda3 as my default Python 3.7" 复选按钮，将此 Anaconda 作为 Windows 系统下默认的 Python 编辑器。如果这两步没有在安装过程中完成，那么在安装完成后需要将 Anaconda 安装的路径添加到系统的环境变量中才能够完成后续的调用。

（3）在 Linux 系统上的安装

在 Linux 系统上的安装与 macOS 系统的安装基本一致。但是，由于要在不同的 Linux 发行版中安装图形界面显示包，因此，建议在 Linux 系统下通过命令的方式来对下载的 sh 文件进行安装。安装与验证安装的过程与 macOS 基本一致。

## 2.1.2　英伟达 GPU 驱动+CUDA+cuDNN

安装完 Anaconda 之后，如果是处理很小的数据集，可以在 CPU 上进行运算，但是当需要用到一些比较大的数据集或者深层网络时，推荐使用图形处理器（Graphics Processing Unit，GPU）加速运算。需要说明的是，PyTorch 框架需要在英伟达（Nvidia）的 GPU 上才可以很好地被驱动。无论读者使用什么系统，在有条件的前提下，建议使用集成的服务器进行运算。如果计算机配置有比较好的 GPU，且使用的系统为 Windows 或 Linux，则需要进行如下的安装以便进一步使用。

以下为在 Windows 10 系统上的安装指引。

（1）硬件检查

查看自己的 GPU 型号。右键单击"This PC"（我的电脑），选中"Properties"（属性），选择"Device Manager"（设备管理器），选择"Display adapters"（显示适配器）进行查看。一般会显示两个显卡，一个是主板上的集成显卡，另一个是独立显卡，查看独立显卡的型号，如图 2-14 所示。

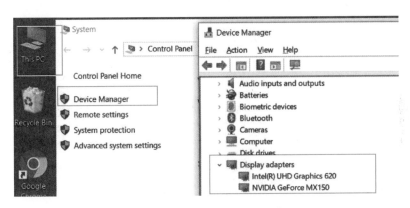

●图 2-14　独立显卡型号查询

（2）下载安装驱动和 CUDA

根据 Nvidia 官网提供的 CUDA Toolkit-Driver Version 查询对应版本的英伟达显卡驱动，如图 2-15 所示。

**Table 1. CUDA Toolkit and Compatible Driver Versions**

| CUDA Toolkit | Linux x86_64 Driver Version | Windows x86_64 Driver Version |
| --- | --- | --- |
| CUDA 10.2.89 | >= 440.33 | >= 441.22 |
| CUDA 10.1 (10.1.105 general release, and updates) | >= 418.39 | >= 418.96 |
| CUDA 10.0.130 | >= 410.48 | >= 411.31 |
| CUDA 9.2 (9.2.148 Update 1) | >= 396.37 | >= 398.26 |
| CUDA 9.2 (9.2.88) | >= 396.26 | >= 397.44 |
| CUDA 9.1 (9.1.85) | >= 390.46 | >= 391.29 |
| CUDA 9.0 (9.0.76) | >= 384.81 | >= 385.54 |
| CUDA 8.0 (8.0.61 GA2) | >= 375.26 | >= 376.51 |
| CUDA 8.0 (8.0.44) | >= 367.48 | >= 369.30 |
| CUDA 7.5 (7.5.16) | >= 352.31 | >= 353.66 |
| CUDA 7.0 (7.0.28) | >= 346.46 | >= 347.62 |

●图 2-15　Nvidia 官网提供的显卡驱动查询

在英伟达官网查找到对应的系统，下载相应 GPU 型号下的驱动安装包并安装，如图 2-16所示。

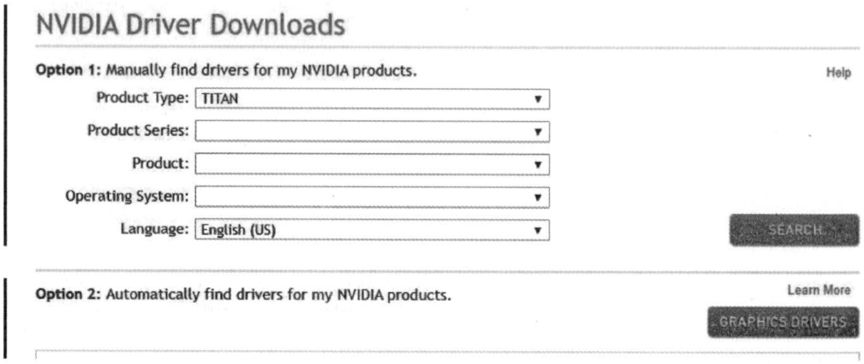

●图 2-16　英伟达显卡驱动下载

如图 2-17 所示，下载对应的 CUDA 版本并安装。

●图 2-17　CUDA 版本下载

下载对应的 cuDNN 包，解压后复制到 CUDA 安装目录中，一般在 "C：\Program Files\NVIDIA GPU Computing Toolkit\CUDA\v9. 2"（读者必须根据自己的实际地址进行更改），如图 2-18 所示。

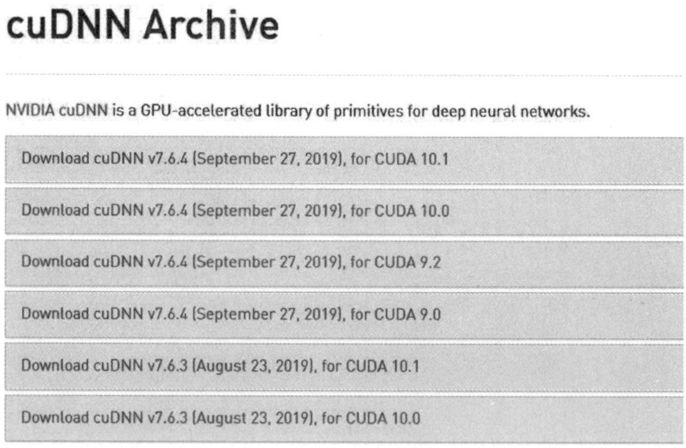

●图 2-18　CUDA 版本

添加 CUDA 到计算机的环境变量中，具体设置如图 2-19、图 2-20 所示。

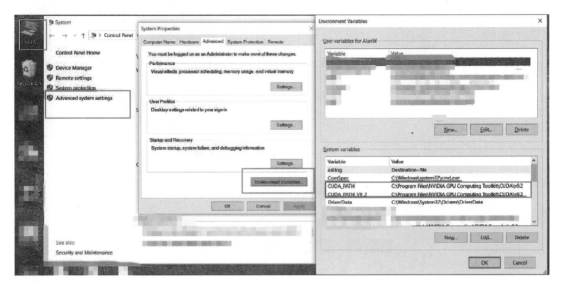

●图 2-19　添加环境变量（一）

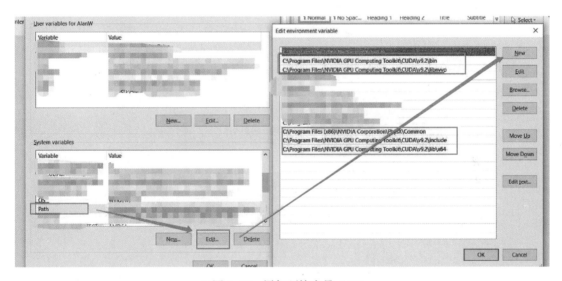

●图 2-20　添加环境变量（二）

（3）校验安装结果

完成安装后，打开命令行窗口，然后输入命令"nvcc-V"查看。

如果出现了安装的 CUDA 版本号（见图 2-21），则说明已经将所需要的英伟达驱动-CUDA 安装完成。

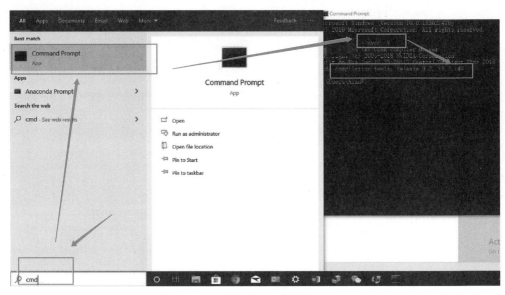

●图 2-21　检查安装结果

## 2.1.3　PyTorch 安装

在完成 Anaconda 和 GPU 的安装之后，就可以开始安装 PyTorch 框架。这个过程非常简单，打开 PyTorch 的官网，从单击"Get Started"按钮进入安装界面，然后选择与计算机匹配的环境和系统，在 Terminal 中输入相应的命令即可，如图 2-22 所示。

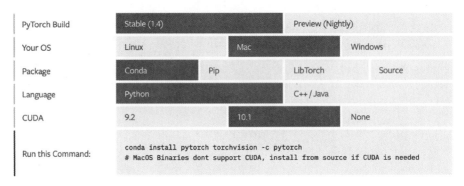

| PyTorch Build | Stable (1.4) | | Preview (Nightly) | |
| --- | --- | --- | --- | --- |
| Your OS | Linux | Mac | Windows | |
| Package | Conda | Pip | LibTorch | Source |
| Language | Python | | C++ / Java | |
| CUDA | 9.2 | 10.1 | None | |
| Run this Command: | conda install pytorch torchvision -c pytorch<br># MacOS Binaries dont support CUDA, install from source if CUDA is needed | | | |

●图 2-22　PyTorch 版本

需要说明的是，对于 macOS 系统，没有与之对应的 GPU 版本的 PyTorch，因此需要安装 CPU 版本的 PyTorch。对于 Windows 和 Linux 系统，可以选择安装 GPU 或者 CPU 版本的 PyTorch。如果需要以前的版本，可以选择"Previous versions of PyTorch"。

## 2.1.4　Python IDE 选择

对于大部分的初学者而言，在最开始选择专业的集成开发环境（Integrated Development

Environment，IDE）非常重要，但是哪种 IDE 对于初学者是最友好的，每个研究者都有自己的见解。因此，本书仅推荐笔者日常使用的两种 IDE：PyCharm 和 Visual Studio Code。

（1）PyCharm

PyCharm 是专业开发者比较常用的一款 Python IDE，它集成了一系列在开发过程中必备的工具，如语法高亮、Project 管理、自动填充、单元测试、Debug，等等。同时，PyCharm 也支持集成版本控制、Django 开发等。

相比于其他的编辑器，Pycharm 具有如下优势：

1）编码协助。

PyCharm 可以协助使用者进行代码补全，支持代码折叠和分割窗口的功能，从而帮助使用者更快地完成编码工作。

2）代码导航

使用快捷键可以帮助使用者快速找到函数所对应的代码块，也可以帮助使用者从一个文件导航到另一个文件。

3）代码 Debug 分析

使用 PyCharm 自带的编码语法、错误高亮、智能检测以及一键式代码快速补全建议，可以使编码更优化。

4）支持 Django

通过 PyCharm 自带的 HTML、CSS 和 JavaScript 编辑器，使用者可以更快速地通过 Django 框架进行 Web 开发。此外，它还能支持 CoffeeScript、Mako 和 Jinja2 等语言。

5）集成版本控制

登录、退出、视图拆分与合并——所有这些功能都能在其统一的版本控制系统的用户界面（可用于 Mercurial、Subversion、Git、Perforce 和其他的源代码管理服务器）中实现。

6）图形页面调试器

使用者可以用其自带的、功能全面的调试器对 Python 或者 Django 应用程序以及测试单元进行调整，该调试器带有断点、步进、多画面视图、窗口以及评估表达式。

7）可自定义、可扩展

绑定了 TextMate、NetBeans、Eclipse 与 Emacs 键盘主盘，以及 Vi/Vim 仿真插件。

（2）Visual Studio Code

Visual Studio Code 是微软公司发布的一款 Python IDE，也属于开发者经常使用的 IDE。这款 IDE 的最大特点是轻量化，对计算机的性能要求比较低，并且支持插件，比较方便。

还有部分开发者会使用 Vim 进行项目开发，值得注意的是选择哪种 Python IDE 并不是最重要的，重要的是在初期能够适合自己使用。读者在完成安装后应尽快进行开发，切勿在选择和安装 IDE 工具上浪费大量的时间。

## 2.2 PyTorch 入门

PyTorch 是一个基于 Python 语言的科学计算包，是脸书（Facebook）公司在 2017 年 1 月基于 Torch 推出的。它主要提供了两个高级功能：强大的 GPU 加速的张量（Tensor）计算以及包含自动求导系统的深度学习神经网络。它使用 Python 编写了很多底层的内容，使用非常灵活，支持动态图机制，是非常简洁、高效的深度学习框架，并让用户把精力最大限度地投入到如何实现自己的想法上。

### 2.2.1 Tensor 基本概念

在使用 PyTorch 之前，可以先对环境中配置的 PyTorch 进行校验，以查看所使用的版本。

```
import torch
print(torch.__version__)
```

本书使用的 PyTorch 版本为 1.4.0。

在 PyTorch 中，Tensor 用于表示矩阵（多维数据），类似于 NumPy 中的 ndarrays，可以使用 GPU 来加速运算。

那么，Tensor 在 PyTorch 中该怎么表示呢？可以直接通过 torch 来构造一个 5×3 的矩阵。

```
x = torch.empty(5,3)
print(x)
```

输出的结果为

```
tensor([[1.3235e-35, 0.0000e+00, 0.0000e+00],
        [0.0000e+00, 0.0000e+00, 0.0000e+00],
        [0.0000e+00, 0.0000e+00, 2.8026e-45],
        [0.0000e+00, 1.1210e-44, 0.0000e+00],
        [1.4013e-45, 0.0000e+00, 0.0000e+00]])
```

构造一个随机初始化的 5×3 矩阵。

```
x = torch.rand(5,3)
print(x)
```

输出的结果为

```
tensor([[0.6751, 0.0465, 0.8695],
        [0.6817, 0.7945, 0.3330],
        [0.4829, 0.2898, 0.6003],
        [0.1941, 0.0991, 0.6640],
        [0.4937, 0.4850, 0.4398]])
```

构造一个全都是 0 的 5×3 的矩阵，矩阵中每个值的数据类型都是长整型（long）。

```
x = torch.zeros(5,3,dtype=torch.long)
print(x)
```

输出的结果为

```
tensor([[0, 0, 0],
        [0, 0, 0],
        [0, 0, 0],
        [0, 0, 0],
        [0, 0, 0]])
```

使用已有的数据来构造一个新的 Tensor。

```
x = torch.tensor([5,3])
print(x)
```

输出的结果为

```
tensor([5, 3])
```

基于已经存在的 Tensor 构造新的 Tensor。

```
x = x.new_ones(5,3)
print(x)


x1 = torch.randn_like(x,dtype=torch.float64)
print(x1)
```

输出的结果为

```
tensor([[1, 1, 1],
        [1, 1, 1],
```

```
        [1, 1, 1],
        [1, 1, 1],
        [1, 1, 1]])
tensor([[-0.0455,0.8956, -1.6842],
        [-0.9494, -1.2836, -0.8192],
        [ 0.2868,1.1866, -0.4792],
        [-0.3649,1.9163,0.1884],
        [-1.5054,0.4677,0.1310]], dtype=torch.float64)
```

对于两个 Tensor，使用 size( ) 分别获取 Tensor 的维度信息。

```
print("x's size:", x.size())
print("x1's size:", x1.size())
```

输出的结果为

```
x's size: torch.Size([5, 3])
x1's size: torch.Size([5, 3])
```

构建 Tensor 的方法还有很多，官方提供了如下的应用程序接口（Application Programming Interface，API）来进行构建。

| 函数 | 功能 |
|---|---|
| Tensor(*sizes) | 基础构造函数 |
| tensor(data,) | 类似 np.array 的构造函数 |
| ones(*sizes) | 全 1 的 Tensor |
| zeros(*sizes) | 全 0 的 Tensor |
| eye(*sizes) | 对角线为 1,其他为 0 |
| arange(s,e,step) | 从 s 到 e,步长为 step |
| linspace(s,e,steps) | 从 s 到 e,均匀切分成 steps 份 |
| rand/randn(*sizes) | 均匀/标准分布 |
| normal(mean,std)/uniform(from,to) | 正态分布/均匀分布 |
| randperm(m) | 随机排列 |

对于已经创建的 Tensor，如果只有一个元素，可以使用 item( ) 函数来获得这个 Tensor 的值（value）。

```
x = torch.randn(1)
print('x:', x)
print("x'value:", x.item())
```

输出结果为

```
x: tensor([-1.7407])
x'value: -1.7407245635986328
```

## 2.2.2　Tensor 的运算

上述操作介绍的都是如何生成 Tensor，那么，这些新生成的 Tensor 可以用来做什么呢？
Tensor 的加法。

```
x = torch.ones(5,3)
y = torch.randn(5,3)
print('x:', x)
print('y:', y)
print('x+y:', x+y)
```

输出的结果为

```
x: tensor([[1.,1.,1.],
           [1.,1.,1.],]
          [1.,1.,1.],
          [1.,1.,1.],
          [1.,1.,1.]])
y: tensor([[ 0.7195, 1.3828, 1.2721],
           [ 0.6210, 0.5339, 0.4032],
           [-0.9369, 1.7758, -0.4987],
           [ 0.1592, -0.8327, 3.2888],
           [ 0.5974, -2.1172, 1.0349]])
x+y: tensor([[ 1.7195, 2.3828, 2.2721],
             [ 1.6210, 1.5339, 1.4032],
             [ 0.0631, 2.7758, 0.5013],
             [ 1.1592, 0.1673, 4.2888],
             [ 1.5974, -1.1172, 2.0349]])
```

Tensor 的另一种加法方式是 add 方式。

```
print('x+y:', torch.add(x, y))
```

输出的结果为

```
x+y: tensor([[ 1.7195, 2.3828, 2.2721],
            [ 1.6210, 1.5339, 1.4032],
            [ 0.0631, 2.7758, 0.5013],
            [ 1.1592, 0.1673, 4.2888],
            [ 1.5974, -1.1172, 2.0349]])
```

Tensor 还可以使用 inplace 进行加法运算。

```
print('x+y:', y.add_(x))
```

输出结果为

```
x+y: tensor([[ 1.7195, 2.3828, 2.2721],
            [ 1.6210, 1.5339, 1.4032],
            [ 0.0631, 2.7758, 0.5013],
            [ 1.1592, 0.1673, 4.2888],
            [ 1.5974, -1.1172, 2.0349]])
```

可以看到，三种加法运算的结果是一致的，在使用的过程中，可以选择其中一种。

使用索引来访问 Tensor 的第一行数据。

```
print('y:', y)
z = y[0, :]
z += 1
print('z:', z)
```

输出的结果为

```
y: tensor([[ 1.7195, 2.3828, 2.2721],
          [ 1.6210, 1.5339, 1.4032],
          [ 0.0631, 2.7758, 0.5013],
          [ 1.1592, 0.1673, 4.2888],
          [ 1.5974, -1.1172, 2.0349]])
z: tensor([2.7195, 3.3828, 3.2721])
```

通过 view( ) 函数改变 Tensor 的形状。

```
z = y.view(15)
z1 = y.view(-1,5)
print('y:', y, y.size())
```

```
print('z:', z, z.size())
print('z1:', z1, z1.size())
```

输出的结果为

```
y: tensor([[ 2.7195, 3.3828, 3.2721],
          [ 2.6210, 2.5339, 2.4032],
          [ 0.0631, 2.7758, 0.5013],
          [ 1.1592, 0.1673, 4.2888],
          [ 1.5974, -1.1172, 2.0349]]) torch.Size([5, 3])
z: tensor([ 2.7195, 3.3828, 3.2721, 2.6210, 2.5339, 2.4032, 0.0631, 2.7758,
          0.5013, 1.1592, 0.1673, 4.2888, 1.5974, -1.1172, 2.0349]) torch.Size([15])
z1: tensor([[ 2.7195, 3.3828, 3.2721, 2.6210, 2.5339],
           [ 2.4032, 0.0631, 2.7758, 0.5013, 1.1592],
           [ 0.1673, 4.2888, 1.5974, -1.1172, 2.0349]]) torch.Size([3, 5])
```

view( )函数返回的新的 Tensor 与源 Tensor 共享内存，即指向的 Tensor 是同一个。view( )函数仅改变对 Tensor 的观察角度。

```
y += 1
print('y:', y)
print('z:', z)
```

输出的结果为

```
y: tensor([[ 3.7195, 4.3828, 4.2721],
          [ 3.6210, 3.5339, 3.4032],
          [ 1.0631, 3.7758, 1.5013],
          [ 2.1592, 1.1673, 5.2888],
          [ 2.5974, -0.1172, 3.0349]])
z: tensor([3.7195, 4.3828, 4.2721, 3.6210, 3.5339, 3.4032, 1.0631, 3.7758,
          1.5013, 2.1592, 1.1673, 5.2888, 2.5974, -0.1172, 3.0349])
```

以上展示的都是两个维度相同的 Tensor 做运算，当两个 Tensor 的维度不同时，我们可以使用广播（Broadcasting）机制进行计算。

广播机制是 NumPy 中对于不同维度的数组进行数值计算的方法，对数组的运算通常是在对应的每个元素上进行的。这种机制在 Tensor 的运算上也同样适用，当运算的两个数组的维度不同时，Tensor 将自动触发广播机制。广播机制的规则如下：

1）所有的数组都看齐维度最长的数组，维度不足的部分在前加 1 补足对齐。

2）运算后的数组的维度是所输入的所有数组在各个维度上的最大值。

3）如果输入数组的某个维度和输出数组的对应维度的长度相同或者其长度为 1 时，这个数组能够用来计算，否则会出错。

4）当输入数组的某个维度的长度为 1 时，沿着此维度运算时都将用此维度上的第一组值。

```
x = torch.arange(1,4).view(1,3)
y = torch.arange(1,5).view(4,1)
print('x:', x)
print('y:', y)
print('x+y:', x+y)
```

输出结果为

```
x: tensor([[1, 2, 3]])
y: tensor([[1],
        [2],
        [3],
        [4]])
x+y: tensor([[2, 3, 4],
        [3, 4, 5],
        [4, 5, 6],
        [5, 6, 7]])
```

由于 x 是个 1×3 的矩阵，y 是个 4×1 的矩阵，如果需要计算 x + y，那么 x 中的第一行的元素被广播到了第二行到第四行，而 y 中第一列的元素则被广播到了第二列和第三列。这样操作之后，可以将这两个新的矩阵按照元素相加。

在上面的例子中可以看到，很多 NumPy 的函数在 Tensor 上可以继续使用，可以使用 numpy( ) 和 form_numpy( ) 函数对 Tensor 和 NumPy 中的数组进行转换。

使用 numpy( ) 函数将数组由 Tensor 转化为 NumPy。

```
x = torch.ones(5,3)
y = x.numpy()
print('x:', x)
print('y:', y)
```

输出的结果为

```
x: tensor([[1., 1., 1.],
        [1., 1., 1.],
```

```
            [1., 1., 1.],
            [1., 1., 1.],
            [1., 1., 1.]])
y: [[1. 1. 1.]
    [1. 1. 1.]
    [1. 1. 1.]
    [1. 1. 1.]
    [1. 1. 1.]]
```

对矩阵 x 的元素进行加 1，看一下 x 与 y 会发生什么。

```
x += 1
print('x:', x)
print('y:', y)
```

输出的结果为

```
x: tensor([[2., 2., 2.],
           [2., 2., 2.],
           [2., 2., 2.],
           [2., 2., 2.],
           [2., 2., 2.]])
y: [[2. 2. 2.]
    [2. 2. 2.]
    [2. 2. 2.]
    [2. 2. 2.]
    [2. 2. 2.]]
```

对矩阵 y 的元素进行加 1，看一下 x 与 y 会发生什么。

```
y += 1
print('x:', x)
print('y:', y)
```

输出的结果为

```
x: tensor([[3., 3., 3.],
           [3., 3., 3.],
           [3., 3., 3.],
           [3., 3., 3.],
```

```
              [3., 3., 3.]])
y: [[3. 3. 3.]
    [3. 3. 3.]
    [3. 3. 3.]
    [3. 3. 3.]
    [3. 3. 3.]]
```

从上述结果可以看到经过 numpy( ) 函数所产生的新的数组与源数组共享相同的内存，即改变其中一个也会改变另一个。

使用 from_numpy( ) 函数将数组由 NumPy 转化为 Tensor。

```
x = np.ones([5,3])
y = torch.from_numpy(x)
print('x:', x)
print('y:', y)
```

**输出的结果为**

```
x: [[1. 1. 1.]
    [1. 1. 1.]
    [1. 1. 1.]
    [1. 1. 1.]
    [1. 1. 1.]]
y : tensor([[1., 1., 1.],
            [1., 1., 1.],
            [1., 1., 1.],
            [1., 1., 1.],
            [1., 1., 1.]],dtype=torch.float64)
```

对矩阵 x 的元素进行加 1，看一下 x 与 y 会发生什么。

```
x += 1
print('x:', x)
print('y:', y)
```

**输出的结果为**

```
x: [[2. 2. 2.]
    [2. 2. 2.]
    [2. 2. 2.]
```

```
      [2. 2. 2.]
      [2. 2. 2.]]

y: tensor([[2., 2., 2.],
          [2., 2., 2.],
          [2., 2., 2.],
          [2., 2., 2.],
          [2., 2., 2.]], dtype=torch.float64)
```

对矩阵 y 的元素进行加 1，看一下 x 与 y 会发生什么。

```
y += 1
print('x:', x)
print('y:', y)
```

输出的结果为

```
x: [[3. 3. 3.]
    [3. 3. 3.]
    [3. 3. 3.]
    [3. 3. 3.]
    [3. 3. 3.]]
y: tensor([[3., 3., 3.],
          [3., 3., 3.],
          [3., 3., 3.],
          [3., 3., 3.],
          [3., 3., 3.]], dtype=torch.float64)
```

从上述结果可以看到经过 from_numpy( ) 函数所产生的新的数组跟源数组共享相同的内存，即改变其中一个也会改变另一个。

使用 to( ) 函数可以让 Tensor 在不同的 CPU 或 GPU 设备上使用。

```
x = torch.randn([3,5])
print('x', x)
if torch.cuda.is_available():
  device = torch.device('cuda')          #CUDA 设备设置
  y = torch.ones_like(x,device=device)   #直接在 GPU 上创建 Tensor
  x = x.to(device)                       #使用 to()函数移动 Tensor
  z = x + y
```

```
print('x_gpu', x)
print('y_gpu', y)
print('z_gpu', z)
print('z_cpu', z.to('cpu',torch.double))    #to()函数也可以改变数据类型
```

输出的结果为

```
x tensor([[ 2.6833, -0.0928, -0.0459, -1.4378, -0.2618],
          [ 0.6883, -0.3029, -1.1502, 0.4296, -1.5727],
          [ 0.5432, -0.9292, 0.2336, 0.6762, -0.0911]])
x_gpu tensor([[ 2.6833, -0.0928, -0.0459, -1.4378, -0.2618],
              [ 0.6883, -0.3029, -1.1502, 0.4296, -1.5727],
              [ 0.5432, -0.9292, 0.2336, 0.6762, -0.0911]], device='cuda:0')
y_gpu tensor([[1., 1., 1., 1., 1.],
              [1., 1., 1., 1., 1.],
              [1., 1., 1., 1., 1.]], device='cuda:0')
z_gpu tensor([[ 3.6833, 0.9072, 0.9541, -0.4378, 0.7382],
              [ 1.6883, 0.6971, -0.1502, 1.4296, -0.5727],
              [ 1.5432, 0.0708, 1.2336, 1.6762, 0.9089]], device='cuda:0')
z_cpu tensor([[ 3.6833, 0.9072, 0.9541, -0.4378, 0.7382],
              [ 1.6883, 0.6971, -0.1502, 1.4296, -0.5727],
              [ 1.5432, 0.0708, 1.2336, 1.6762, 0.9089]], dtype=torch.float64)
```

## 2.3 PyTorch 自动求梯度

深度学习的过程中，在对代价函数（loss）进行优化时需要计算梯度（gradient），Py-Torch 提供的 autograd（自动求梯度）包能够根据输入的数据和前向传播过程自动构建计算图，并执行反向传播。

### 2.3.1 基本概念

在 PyTorch 中，torch. Tensor 是 autograd 包的核心类，如果将其属性 . requires_ grad 设置为 True，它将开始追踪对 Tensor 的所有操作，即可以利用链式法则（Chain Rule）进行梯度传播（Gradient Propagation）。完成计算后，可以调用 . backward( )来自动完成所有梯度的计算。这个 Tensor 的梯度将累积到 . grad 属性中。例如，如果 x 是一个 Tensor，x. requires_ grad＝True，然后 x.grad 是另一个 Tensor，x.grad 将累计 x 的所有的梯度。

如果在后期需要停止对 Tensor 历史记录的追踪，可以调用 .detach( ) 函数，它会将 Tensor 与其计算的历史记录做分离，并防止将来的计算被继续追踪，此时，梯度就不会进行传播了。如果需要设置一些操作代码使其不被跟踪，可以用 with torch.no_grad( ) 将具体的代码块包装起来。这种方法在评估（Evaluate）模型时用处很大，这是因为在评估模型的阶段不需要用到可训练参数( require_grad = True)部分的梯度。

Function 也是 autograd 包中很重要的一个类。通过将 Tensor 和 Function 进行连接可以构建一个保存整个计算过程历史信息的有向无环图（Directed Acyclic Graph，DAG）。每个 Tensor 都会有一个 .grad_fn 属性，这个属性会保存创建该 Tensor 的 Function，即说明这个 Tensor 是否由某些运算得到。如果是用户自己创建的 Tensor，那么 .grad_fn 属性将是 None。

## 2.3.2　Tensor 样例

创建一个 Tensor，通过设置 requires_grad = True 来跟踪与它相关的计算。

```
import torch
x =torch.randn(5, 3, requires_grad = True)
print('x:', x)
print(x.grad_fn)
```

输出的结果为

```
x: tensor([[-1.8923, -0.2769, 0.5328],
          [ 0.8496, 0.0654, 0.0177],
          [ 0.0363, 0.4036, 0.8704],
          [ 0.2492, -1.6836, 1.9886],
          [-1.7267, -0.8974, 0.1895]], requires_grad=True)
```

对 Tensor x 做加法运算

```
y = x+1
print('y:', y)
print(y.grad_fn)
```

输出的结果为

```
y: tensor([[-0.8923, 0.7231, 1.5328],
          [ 1.8496, 1.0654, 1.0177],
          [ 1.0363, 1.4036, 1.8704],
```

```
            [1.2492, -0.6836, 2.9886],
            [-0.7267, 0.1026, 1.1895]], grad_fn=<AddBackward0>)
<AddBackward0 object at 0x7fce44d18668>
```

在这里可以看到，Tensor x 是直接创建的（又可以称为叶子节点），因此 x 没有 grad_fn；Tensor y 是通过加法创建出来的，因此 y 有一个名为 <AddBackward0> 的 grad_fn。

对 Tensor y 做更复杂的运算，如下所示：

```
z = y * y * 3
out = z.mean()
print('z:', z)
print('out:', out)
```

输出的结果为

```
z: tensor([[ 2.3883, 1.5687, 7.0486],
          [10.2626, 3.4051, 3.1069],
          [ 3.2219, 5.9102, 10.4957],
          [ 4.6816, 1.4019, 26.7957],
          [ 1.5843, 0.0316, 4.2447]], grad_fn=<MulBackward0>)
out: tensor(5.7432, grad_fn=<MeanBackward0>)
```

.requires_grad_( ... ) 会改变张量的 requires_grad 标记。如果没有提供相应的参数，输入的标记默认为 False。

```
x = torch.randn(5, 3)
x = ((x * 3) / (x - 1))
print('x.requires_grad:', x.requires_grad)
x.requires_grad_(True)
print('x.requires_grad:', x.requires_grad)
y = (x * x).sum()
print('y.grad_fn:', y.grad_fn)
```

输出的结果为

```
x.requires_grad: False
x.requires_grad: True
y.grad_fn: <SumBackward0 object at 0x7fcdf791fb38>
```

### 2.3.3 梯度计算

我们根据上述内容建立一个稍微复杂的网络来进行梯度计算。

```
x = torch.Tensor([[1.,2.,3.], [4.,5.,6.]])
x = Variable(x,requires_grad=True)
y = x + 2
z = y * y * 3
out = z.mean()
```

然后进行反向传播

```
out.backward()
print('x.grad:', x.grad)
```

输出的结果为

```
x.grad: tensor([[3., 4., 5.],
               [6., 7., 8.]])
```

下面，我们来计算一个简单的雅可比的梯度。

```
x = torch.randn(3, requires_grad=True)
8136A437
y = x * 2
while y.data.norm() < 1000:
    y = y * 2
8 1 36A 437
print('y:', y)
```

输入的结果为

```
y: tensor([-418.0868, 1270.7155, -1346.5321], grad_fn=<MulBackward0>)
```

现在在这种情况下，y 不再是一个标量。torch. autograd 不能直接计算整个雅可比，但是如果我们只想要雅可比向量积，只需要简单地把向量传递给 backward 作为参数。

```
v = torch.tensor([0.1, 1.0, 0.0001], dtype=torch.float)
y.backward(v)
```

```
print('x.grad:', x.grad)
```

输出的结果为

```
tensor([1.0240e+02, 1.0240e+03, 1.0240e-01])
```

可以通过将代码包裹在 with torch. no_grad( )中，来停止对从跟踪历史中的 . requires_grad = True 的张量自动求导。

```
print('x.requires_grad:', x.requires_grad)
print('(x ** 2).requires_grad:', (x ** 2).requires_grad)
with torch.no_grad():
    print('(x ** 2).requires_grad:', (x ** 2).requires_grad)
```

输出的结果为

```
x.requires_grad: True
(x ** 2).requires_grad: True
(x ** 2).requires_grad: False
```

## 2.4　PyTorch nn 模块

在 Pytorch 中，通过继承 nn. Module 类来实现自定义一个模型，在 init 构造函数中声明各个层的定义，在 forward 中实现层之间的连接关系，实际上就是前向传播的过程。在 PyTorch 里面一般是没有层的概念的，层也是当成一个模型来处理的，PyTorch 更加注重的是模型Module。

torch 里面实现神经网络有两种方式：使用 torch. nn 来实现高层 API 的方法，使用 torch. nn. functional 来实现低层 API 的方法。由于高层 API 是使用类的形式来包装的，既然是类就可以存储参数，比如全连接层的权值矩阵、偏置矩阵等都可以作为类的属性存储，但是低层 API 仅仅是实现函数的运算功能，没办法保存这些信息，会丢失参数信息，因此，推荐使用高层 API。但是高层 API 是依赖于低层 API 的计算函数的。

torch. nn 是专门为神经网络设计的模块化接口，它构建于 autograd 包之上，可以用来定义和运行神经网络。

nn. Module 是 nn 中十分重要的类，包含网络各层的定义及 forward 方法。

用户可以根据如下的形式来定义自己的网络：

1）需要继承 nn. Module 类，并实现 forward 方法。继承 nn. Module 类之后，在构造函数中要调用 Module 的构造函数，super( Linear，self). init( )。

2）一般把网络中具有可学习参数的层放在构造函数__init__( )中。

3）不具有可学习参数的层（如 ReLU）可放在构造函数中，也可不放在构造函数中（而在 forward 方法中则使用 nn. functional 来代替）。可学习参数放在构造函数中，并且通过 nn. Parameter( )使参数以 parameters（一种 Tensor，默认是自动求导）的形式保存在 Module 中，并且通过 parameters( )或者 named_parameters( )以迭代器的方式返回可学习参数。

4）只要在 nn. Module 中定义了 forward 函数，backward 函数就会被自动实现（利用 autograd）。而且一般不会显式调用 forward（layer. forward），而是通过 layer（input）自执行 forward( )。

5）在 forward 中可以使用任何 Variable 支持的函数，毕竟在整个 PyTorch 的构建中，是 Variable 在流动。还可以使用 if，for，print，log 等 Python 语法。

扫一扫观看串讲视频

# 第 3 章

# 语言模型与词向量

## 3.1　语言模型

语言模型（Language Model，LM）在自然语言处理领域，特别是在基于统计模型的任务（语音识别、机器翻译、句法分析等）中扮演着重要的角色。语言模型，就是计算语言序列 $w_1, w_2, \cdots, w_n$ 出现的概率 $P(w_1, w_2, \cdots, w_n)$，即语言模型是对语句的概率分布进行建模。

### 3.1.1　无处不在的语言模型

（1）n 元语法模型

语言模型中最主要的一种模型结构是 n 元（n-gram）语法模型，简称 n 元模型。这种模型构建的方式较为直接、简单，但也因数据缺乏而必须采用平滑方法。

在文本中，一个句子可以视为字符串 $s$。对于一个由 $l$ 个基本单元（基本单元可以为字、词或短语）组成的句子 $s$ 可表示为 $s = w_1 w_2 \cdots w_l$，依据链式法则，其出现的概率 $P(s)$ 可以表示为

$$P(s) = P(w_1, w_2, \cdots, w_l) = P(w_1) P(w_2 \mid w_1) \cdots P(w_l \mid w_1, \cdots, w_{l-1}) \tag{3.1}$$

式中，第 $i(1 \leqslant i \leqslant l)$ 个词出现的概率 $P(w_i)$ 是由之前出现的 $i-1$ 个单词决定的。一般来说，在统计语言模型中，采用极大似然估计计算每个单词出现的条件概率，即

$$P(w_i \mid w_1, \cdots, w_{i-1}) = \frac{count(w_1, w_2, \cdots, w_i)}{count(w_1, w_2, \cdots, w_{i-1})} \tag{3.2}$$

式中，$count(\cdot)$ 为计数函数。随着 $i$ 的增长，处于不同位置的单词在计算其出现的概率时，计算量呈现指数级增长。对于任意长的自然语言语句，若根据极大似然估计对其进行计算是不现实的。为解决这一问题，可引入马尔可夫假设（Markov Assumption）。马尔可夫假设的主要思想为：当过程 $t$ 时刻的状态已知时，过程 $t+1$ 时刻所处状态的概率特性仅与 $t$ 时刻所处的状态相关，因此，它是一个具有无后效性的假设。结合马尔可夫假设，得到 n 元语法模型的定义，即假设当前词出现的概率仅依赖于前 $n-1$ 个词（$n>2$），可表示为

$$P(w_i \mid w_1, w_2, \cdots, w_{i-1}) = P(w_i \mid w_{i-(n-1)}, \cdots, w_i) \tag{3.3}$$

基于式（3.3），可以得到常用的 n 元语法模型：

当 $n=1$ 时，称为一元（uni-gram）模型：$P(w_1, w_2, \cdots, w_n) = \prod_{i=1}^{n} P(w_i)$，$w_i$ 出现的概率仅与自身有关；

当 $n=2$ 时，称为二元（bi-gram）模型：$P(w_1, w_2, \cdots, w_n) = \prod_{i=1}^{n} P(w_i \mid w_{i-1})$，$w_i$ 出现的概率仅与前一时刻的单词概率有关；

当 $n=3$ 时，称为三元（tri-gram）模型：$P(w_1, w_2, \cdots, w_n) = \prod_{i=1}^{n} P(w_i \mid w_{i-2}, w_{i-1})$ ，$w_i$ 出现的概率仅与前两个时刻的单词概率有关。

为了使 $n>1$ 时能够计算 $w_1$ 出现的条件概率，要在原序列前面加上 <s>起始符。既然存在起始符<s>，也会存在与之相对应的结束符 </s>。

---

### 注意：

---

1）起始符的作用可以理解为某些字、词并不适合作为句子的开头（起始词）。在原序列前面加上起始符既能将 $P(w_1)$ 加入链式法则的计算中，又可以确定哪些词可以作为起始词，且 $P(w_1)$ 与 $P(w_1 \mid \text{<s>})$ 表示的含义完全不同；

2）在不加结束符的时候，n元语法模型仅能对固定长度序列的概率分布进行建模；加了结束符之后，可以对任意长度序列的概率分布进行建模。（感兴趣的读者可以自己设计一个例子进行计算）

**例 3-1**　假设训练语料 $S$ 由以下句子构成，使用 bi-gram 极大似然估计的方法计算 $P(\text{"Amy read a book"})$，其中 $S = (\text{"I read a book"}, \text{"Amy read NLP"}, \text{"Tom read a text book"})$。

**解**　对语料 $S$ 中的序列加上<s>和</s>，并统计词表可计算出：

$$P(\text{"Amy"} \mid <\text{s}>) = \frac{count(<\text{s}>, \text{"Amy"})}{\sum_w count(<\text{s}>, w)} = \frac{1}{3}$$

$$P(\text{"read"} \mid \text{"Amy"}) = \frac{count(\text{"Amy"}, \text{"read"})}{\sum_w count(\text{"Amy"}, w)} = 1$$

$$P(\text{"a"} \mid \text{"read"}) = \frac{count(\text{"read"}, \text{"a"})}{\sum_w count(\text{"read"}, \text{"w"})} = \frac{2}{3}$$

$$P(\text{"book"} \mid \text{"a"}) = \frac{count(\text{"a"}, \text{"book"})}{\sum_w count(\text{"a"}, w)} = \frac{1}{2}$$

$$P(\text{"book"} \mid </\text{s}>) = \frac{count(\text{"book"}, </\text{s}>)}{\sum_w count(\text{"book"}, w)} = \frac{2}{3}$$

$$P(\text{"Amy read a book"}) = P(\text{"Amy"} \mid \text{<s>}) \times P(\text{"read"} \mid \text{"Amy"}) \times P(\text{"a"} \mid \text{"read"}) \times$$
$$P(\text{"book"} \mid \text{"a"}) \times P(\text{"book"} \mid \text{</s>})$$
$$= \frac{1}{3} \times 1 \times \frac{2}{3} \times \frac{1}{2} \times \frac{2}{3} = 0.074$$

（2）评价指标

语言模型常用的评价指标有两个：交叉熵（cross-entropy）和困惑度（perplexity）。

熵是信息论中的基本概念。若用 $p$ 表示样本 $x$ 的真实分布，$q$ 表示对其建模得到的分布，交叉熵可表示为

$$H(p,q) = -\sum_i p(x_i)\log(q(x_i)) \tag{3.4}$$

由此，若将 $x_1^n$ 视作语言模型 $L = (X) \sim p(X)$ 中的序列（字、词、数字、符号等），$x_1^n = x_1, x_2, \cdots, x_n$ 在理想情况下，$L$ 与其模型 $q$ 的交叉熵可写作

$$H(L,q) = -\lim_{n \to \infty} \frac{1}{n}\log q(x_n^1) \tag{3.5}$$

一般地，当 $n \to \infty$ 时，式（3.5）可近似为

$$H(L,q) \approx -\frac{1}{n}\log q(x_n^1) \tag{3.6}$$

对自然语言序列 $s = w_1, w_2, \cdots, w_n$，可写为

$$H(s) = -\frac{1}{n}\log P(w_1, w_2, \cdots, w_n) \tag{3.7}$$

且交叉熵越小，建模的概率分布越接近真实分布，模型表现效果越好。

基于交叉熵的概念，可以定义困惑度

$$Perplexity(s) = 2^{H(s)} \approx \sqrt[n]{\frac{1}{P(w_1, w_2, \cdots, w_n)}} \tag{3.8}$$

为了方便计算，有时也对困惑度取对数，即

$$2^{H(s)} = 2^{-\frac{1}{n}\sum_i \log P(w_i)} \tag{3.9}$$

显然，困惑度的值同样也是越小越好。

交叉熵和困惑度可以用来评估语言模型的优劣。在文本生成任务中，也可以通过计算生成文本的困惑度，进而评估生成的自然文本的流畅程度。

（3）平滑方法

上文提及的数据缺失问题，可以通过对 n 元语法模型进行平滑处理来解决。数据缺失主要体现在语料中语句较少，生僻词未能出现，导致基于 n 元语法模型计算出的语句出现概率为 0 的情况。

对此，可用的平滑处理方法有：

1）加法平滑方法。加法平滑方法是最简单的一种方法，来源于统计每个词出现的次数时比实际出现次数加 1。然而，若语料中未出现的文本过多，则平滑处理后所有未出现的文本概率相等，且占有很大的比率。

2）折扣法。折扣法的思想是通过修改语料中词的实际个数，使其不同词语的概率之和小于 1，剩余的概率则分配给未出现的词语。

3）插值法。插值法有很多种，在此介绍一种简单线性插值的方法，即将不同级别的 n 元模型进行线性加权求和。换句话说，对计算概率时的每一项分配一个权重。权重的划分可以根据经验也可以由 EM 算法确定。式（3.3）可改写为

$$P(w_i \mid w_{i-1}, w_{i-2}) = \lambda_1 P(w_i) + \lambda_2 P(w_i \mid w_{i-1}) + \lambda_3 P(w_i \mid w_{i-1}, w_{i-2}) \tag{3.10}$$

式中，$0 \leqslant \lambda_i \leqslant 1, \sum_i \lambda_i = 1$。

在简单线性插值法中，将低阶模型插入权重的方法并不是十分可靠。除了这三种平滑处理的方法之外，还包括 Back-off 平滑、Katz 平滑等。

## 3.1.2　神经网络语言模型

尽管统计语言模型可以学习单词序列的概率分布，但是由于维度灾难，其过程十分艰难。Bengio 等提出的 n 元（n-gram）语法模型主要有两个缺陷：一是之前提到过的数据缺失问题；二是没有考虑到单词间的相似程度（单词/句法层面）。因此，他们提出利用神经网络进行语言建模，即神经网络语言模型（Neural Network Language Model，NNLM）。

NNLM 是学习单词序列分布的统计模型，而不是句子中的单个词语。那么目标也随之转化成找到一种表示方法。这种表示方法有助于简洁地表示自然语言文本中单词序列的概率分布，即

$$f(w_t, \cdots, w_{t-n}) = \hat{P}(w_t, w_1^{t-1}) \tag{3.11}$$

式中，$w_t$ 表示第 $t$ 个单词；$w_i^j = (w_i, w_{i+1}, \cdots, w_{j-1}, w_j)$。需要满足的约束条件为

$$\begin{cases} f(w_t, w_{t-1}, \cdots, w_{t-n+2}, w_{t-n+1}) > 0 \\ \sum_i^{|V|} f(w_t, w_{t-1}, \cdots, w_{t-n+2}, w_{t-n+1}) = 1 \end{cases} \tag{3.12}$$

对于式（3.11），可以分解为两部分：

1）用 $C$ 表示词表 $V$ 中的任意元素到一个实数向量 $C(i) \in \mathbf{R}^m$ 的映射，换句话说，$C$ 表示词表中单词的"分布特征向量"。实际上，$C$ 可以用一个 $|V| \times m$ 大小的参数矩阵进行表示。

2）对于式（3.11）的计算，有两种方式：

第一种 direct 结构（direct architecture）。使用函数 $g(\cdot)$ 将上下文（$C(w_{t-n}), \cdots, C(w_{t-1})$）中单词的特征向量序列映射到词表中单词的条件概率，即用来估计第 $i$ 个位置的概率 $\hat{P}(w_t = i \mid w_1^{t-1})$ 的向量函数，如图 3-1 所示。式（3.11）可改写为

$$f(i, w_{t-1}, \cdots, w_{t-n}) = g(i, C(w_{t-1}), \cdots, C(w_{t-n})) \tag{3.13}$$

在输出层使用 softmax 函数，其最终输出为

$$\hat{P}\left( w_t = i \mid w_1^{t-1} = \frac{\mathrm{e}^{h_j}}{\sum_j \mathrm{e}^{h_j}} \right) \tag{3.14}$$

式中，$h_i$ 表示单词 $i$ 在输出层的得分。

第二种 cycling 结构（cycling architecture）。与 direct architecture 不同的是，在对函数进行映射时，除了使用上下文外，还使用了下一个候选词 $i$。为了区分，在此使用 $h(\cdot)$ 表示映射关系。即，$h(\cdot)$ 表示将（$C(w_{t-n}), \cdots, C(w_{t-1}), C(i)$）中单词的特征向量序列映射到词

表中单词的条件概率。式（3.11）可改写为

$$f(i, w_{t-1}, \cdots, w_{t-n}) = h(i, C(w_{t-1}), \cdots, C(w_{t-n}), C(i))$$ (3.15)

在输出层使用 softmax 函数，其最终输出仍然为

$$\hat{P}\left(w_t = i \mid w_1^{t-1} = \frac{\mathrm{e}^{h_j}}{\sum\limits_j \mathrm{e}^{h_j}}\right)$$ (3.16)

在每次输入特征向量 $C(i)$ 作为下一个候选词时，都会重复运行一次神经网络，因此称为 cycling。

对于两种方式来说，$g(\cdot)$ 与 $h(\cdot)$ 均可表示神经网络。

图 3-1 是 direct architecture 的模型结构。对于该结构，其找寻的函数 $f(\cdot)$ 由两部分组成，即 $g(\cdot)$ 和 $C$。$C$ 是共享的参数矩阵（$|V| \times m$），第 $i$ 个单词的 $C(i)$ 为 $C$ 中的第 $i$ 行；$g(\cdot)$ 可以是前向神经网络、循环神经网络或其他参数化函数（含有 $\theta$ 参数）。

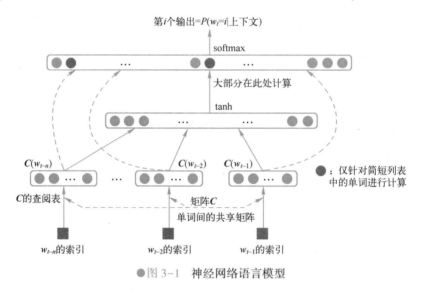

●图 3-1　神经网络语言模型

模型分为三层：输入层、隐藏层、输出层。模型的输入：$x = (C(w_{t-n+1}), \cdots, C(w_{t-1}))$，模型的输出：$y = U \tanh(Hx + d) + Wx + b$，$P(w_t \mid w_{t-1}, \cdots, w_{t-n+1}) = \dfrac{\mathrm{e}^{y_{w_t}}}{\sum\limits_i \mathrm{e}^{y_{w_t}}}$；模型的参数：$\theta = (U, H, W, b, d)$。

其中，$H \in \mathbf{R}^{|V| \times h}$ 为输入层到隐藏层的权重矩阵；$h$ 为隐藏层神经元个数；$d \in \mathbf{R}^h$ 为隐藏层的偏置参数。隐藏层在计算时，$[\cdot]_{h \times (n-1)} \times [\cdot]_{(n-1) \times 1}$ 最终得到大小为 $h \times 1$ 的矩阵。$U \in \mathbf{R}^{|V| \times h}$ 是隐藏层到输出层的权重矩阵，$b \in \mathbf{R}^{|V|}$ 是输出层的偏置参数。输出层在计算时，$[\cdot]_{|V| \times h} \times [\cdot]_{h \times 1}$ 最终得到大小为 $|V| \times 1$ 的矩阵。$W \in \mathbf{R}^{|V| \times (n-1)m}$ 表示由输入层到输出层直接链接时的权重矩阵。

其目标优化函数为最大化对数似然

$$L = \frac{1}{T} \sum_t \log P(w_i)(C(w_{t-n}), \cdots, C(w_{t-1}); \theta) + R(\theta, C)$$ (3.17)

式中，$R(\boldsymbol{\theta}, \boldsymbol{C})$ 为正则项。更新参数时，仍然使用梯度下降法

$$\boldsymbol{\theta} \leftarrow \boldsymbol{\theta} + \lambda \frac{\partial \log P(w_t \mid w_{t-1}, \cdots, w_{t-n+2}, w_{t-n+1})}{\partial \boldsymbol{\theta}} \tag{3.18}$$

NNLM 使用了低维稠密的词向量对上下文进行表示，解决了数据缺失带来的弊端，且 NNLM 可以预测出词语间的相似性，与 n 元语法模型相比，效果更优。

实际上，循环神经网络（Recurrent Neural Network，RNN）、长短时记忆（Long Short-Term Memory，LSTM）、BERT 等都属于神经网络语言模型的一种，后文会对这些模型进行详细介绍。

## 3.2　词向量

为使机器能够像人一样理解单词，就必须把单词变成一串数字（向量）。词向量就是将单词映射到向量空间，把单词变成数字的一种词的表示形式。上节提及的 NNLM，也可以作为词向量的方法对单词进行向量化表示。

### 3.2.1　one-hot

最初，人们采用独热编码（one-hot encoding）的方式来表示一个单词。

在 one-hot 编码时，分为以下几个步骤：

1）统计数据集中所有出现过的词，形成词汇表（$vocab$），大小为 $V$；

2）对每个单词赋予一个编号（$idx$）；

3）形成每个单词的词向量$(1, V)$，其编号对应的位置置为 1，其他位置置为 0。

例如，数据集中样本为"I love New York city"，其 one-hot 编码过程如图 3-2 所示。

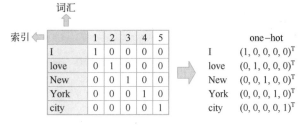

●图 3-2　one-hot 示例

注意：

词在词典中的顺序与句中顺序没有关联，因此上述编码不唯一。

在实际应用时, 可以发现 one-hot 有一些问题:

1) 通常数据集中会出现很多词, 词汇表的大小 $V$ 过大, 易形成高维、稀疏向量, 从而带来维度灾难;

2) 这种词向量表示方法不能表示词语间的相似性, 任何两个词之间的距离均为 1。(例: I 和 you 的距离为 1, I 和 dog 的距离也为 1)

## 3.2.2 word2vec

word2vec 能够解决 one-hot 在实际应用时出现的问题。它是通过分布式假设 (如果两个词的上下文是相似的, 它们的语义也是相似的) 直接学习词的词向量。

word2vec 分为连续词袋 (Continuous Bag-of-Words, CBOW) 模型和跳字 (Skip-gram) 模型。两种方式都是单层神经网络, 由一层输入层、一层隐藏层和一层输出层构成。

(1) CBOW

CBOW 是通过上下文单词对中间词 $c$ 的词向量进行预测的一种方式, 需设置窗口大小 (window_size) 来决定 $c$ 与多大邻域内的单词是相关的。换句话说, 中心词 $c$ 与窗口大小范围内的词共同组成了训练样本, 将训练样本输入到 CBOW 模型进行训练, 可以得到相应的词向量。

例如, 文本为 "I will have a glass of milk for breakfast", 当 window_size = 2 时, 得到训练样本的过程如图 3-3 所示。若中心词为 "have", 则相邻单词为 (I, will, a, glass), 训练样本为 (have, I), (have, will), (have, a), (have, glass)。

| 源文本 | 由源文本生成的训练样本 |
| --- | --- |
| I will have a glass of milk for breakfast | (will, I) (will, have) (will, a) |
| I will have a glass of milk for breakfast | (have, I) (have, will) (have, a) (have, glass) |
| I will have a glass of milk for breakfast | (a, will) (a, have) (a, glass) (a, of) |
| I will have a glass of milk for breakfast | (glass, have) (glass, a) (glass, of) (glass, milk) |
| I will have a glass of milk for breakfast | (of, a) (of, glass) (of, milk) (of, for) |
| I will have a glass of milk for breakfast | (milk, glass) (milk, of) (milk, for) (milk, breakfast) |

●图 3-3 训练样本示例

需要注意的是, 这种方法忽略了越接近中心词的词语与中心词的相关性应该越高的原则, 在 3.3.1 节任务 1 的代码实战中, 会利用一个小技巧来解决这个问题。CBOW 的模型结构如图 3-4 所示。

具体步骤如下。

1) 输入层: 上下文单词的 one-hot。可假设词汇表 (vocab) 的大小为 $V$, 即向量空间

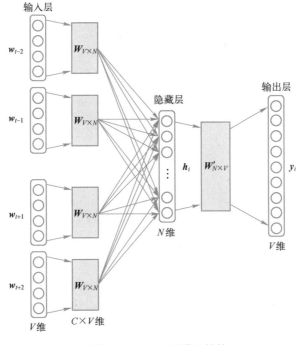

输入层

$w_{t-2}$ $W_{V \times N}$

$w_{t-1}$ $W_{V \times N}$

隐藏层 输出层

$h_i$ $W'_{N \times V}$ $y_i$

$w_{t+1}$ $W_{V \times N}$

$N$ 维 $V$ 维

$w_{t+2}$ $W_{V \times N}$

$V$ 维 $C \times V$ 维

●图 3-4　CBOW 的模型结构

的维度是 $V$，window_size $= C$，上下文 context $= \{x_1, \cdots, x_C\}$；

2）window_size 内的词共享隐藏层的权重矩阵为 $W_{V \times N}$，$N$ 是隐藏层神经元个数；

3）将输入向量分别与权重矩阵相乘并累加求和，做平均后可得到隐藏层的向量 $h_i =$

$W_{V \times N}^{T} \dfrac{\sum\limits_{i=1}^{C} x_i}{C}$，大小为 $(1, N)$。

4）将 $h_i$ 与隐藏层到输出层的权重矩阵 $W'_{N \times V}$ 相乘可以得到一个大小为 $(1, V)$ 的向量；

5）将得到的向量通过激活函数处理成 $V$ 维的概率分布。其中，每一维都对应初始 *vocab* 中的每一个单词，概率最大的编号（*idx*）对应的词即为预测出的中间词。

在使用反向传播算法更新参数时，将最终预测中间词的 one-hot 与真实中间词的 one-hot 做比较，减小重构误差。定义损失函数 $E$ 如下

$$E = -\log P(w_o \mid w_{i,1}, \cdots, w_{i,C})$$

$$= -u_{j*} + \log \sum_{j'=1}^{V} \exp(u_{j'}) \tag{3.19}$$

$$= -v_{w_0}'^{T} \cdot h + \log \sum_{j'=1}^{V} \exp(v_{w_j}'^{T} \cdot h)$$

其中，$u_{j*}$ 是隐层到输出层网络得到的索引为 $j'$ 单词的得分。基于这个得分，利用 softmax 函数得到当前单词的后验概率，并对其取负对数就可以得到上面的损失函数。

在更新输入层到隐层的权重 $W$ 时，词向量矩阵 $W$ 有输入单词那一行的导数非 0，其余

的行在迭代过程中导数都为 0，均保持不变，所以在反向传播时只更新 $\boldsymbol{W}$ 矩阵的一行，也就是词 $w_i$ 对应的词向量，记作 $\boldsymbol{v}_{w_i}$。

将学习率表示为 $\eta$，最终得到的权重更新为

$$\boldsymbol{v}_{w_i} = \boldsymbol{v}_{w_i} - \eta \cdot \boldsymbol{EH} \tag{3.20}$$

其中，$\boldsymbol{EH}$ 是一个 $N$ 维向量，表示词汇表中所有单词的输出向量和预测误差的加权求和，每一维的计算如下：

$$\boldsymbol{EH} = \sum_{j=1}^{V} e_j \cdot \boldsymbol{v}'_j$$

其中，$e_j = \hat{y} - y_c$，表示输出层第 $j$ 个单词的预测误差，输出层 $j$ 节点的输出减去 $j$ 节点单词的真实标签（0 或 1），当且仅当 $j$ 节点是目标单词时，值才为 1；$\boldsymbol{v}'_j$ 表示隐藏层到输出层权重矩阵的第 $j$ 列。

实际上，通过步骤 3）得到的 $(1, N)$ 的向量即为对应的词向量。由于神经网络训练的先决条件是要有标记的训练数据。而词向量任务中没有任何标记数据，为此，该模型创建了一个"假"任务来进行训练。这个"假"任务就是预测中心词出现的概率。因此，CBOW 在训练词向量时，并不会对模型的输入和输出感兴趣，而是关注于输入层到隐层的权重。

（2）Skip-Gram

Skip-Gram 的模型结构与 CBOW 相反，是通过中心词 $c$ 对上下文进行预测，同样需要通过 window_size 来对上下文的邻域范围进行确定。构建训练样本的过程与图 3-3 中的示例相同。

Skip-Gram 的模型结构如图 3-5 所示。

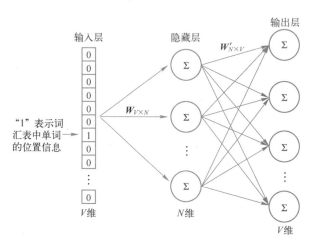

●图 3-5　Skip-Gram 的模型结构

具体步骤如下。

1）输入层：中心词单词的 one-hot。可假设 vocab 的大小为 $V$，即向量空间的维度是 $V$，

window_size=$C$，上下文 context=$\{x_1,\cdots,x_C\}$；

2）window_size 内的词共享隐藏层的权重矩阵为 $\boldsymbol{W}_{V\times N}$，$N$ 是隐藏层神经元个数；

3）将输入向量分别与权重矩阵相乘并累加求和，做平均后可得到隐藏层的向量 $\boldsymbol{h}_i = \boldsymbol{W}_{V\times N}^{\mathrm{T}}x_i$，大小为（1，$N$）。

4）将 $\boldsymbol{h}_i$ 与隐藏层到输出层的权重矩阵 $\boldsymbol{W}_{N\times V}'$ 相乘可以得到一个大小为（1，$V$）的向量；

5）将得到的向量通过激活函数处理成 $V$ 维的概率分布。其中，每一维都对应初始 *vocab* 中的每一个单词，概率最大的 *idx* 对应的词即为预测出的中间词。

在使用反向传播算法更新参数时，将最终预测上下文词的 one-hot 与真实词的 one-hot 做比较，减小重构误差。定义损失函数 $E$ 如下（最大化上下文输出概率）

$$
\begin{aligned}
E &= -\log P(w_{o,1},\cdots,w_{o,C}\mid w_I) \\
&= -\log\prod_{C=1}^{C}\frac{\exp(\boldsymbol{u}_{c,j_c^*})}{\sum_{j'=1}^{V}\exp(\boldsymbol{u}_{j'})} \\
&= -\sum_{c=1}^{C}\boldsymbol{u}_{j_c^*}+C\cdot\log\sum_{j'=1}^{V}\exp(\boldsymbol{u}_{j'})
\end{aligned}
\tag{3.21}
$$

定义 $V$ 维向量，$\boldsymbol{EI}=(EI_1,EI_2,\cdots,EI_V)$，它是不同上下文单词的总预测误差向量。每个分量 $EI_j$ 代表词典中第 $j$ 个单词，作为不同位置的上下文单词的预测误差和

$$
EI_j = \sum_{c=1}^{C}e_{cj}
$$

将学习率表示为 $\eta$，最终得到的权重更新为

$$
\boldsymbol{v}_{w_i}=\boldsymbol{v}_{w_i}-\eta\cdot\boldsymbol{EH}^{\mathrm{T}}
\tag{3.22}
$$

$\boldsymbol{EH}$ 是一个 $N$ 维向量，组成该向量的每一个元素可以用如下公式表示：

$$
\boldsymbol{EH} = \sum_{j=1}^{V}EI_j\cdot\boldsymbol{v}_j'
$$

其中，$\boldsymbol{v}_j'$ 表示隐藏层到输出层权重矩阵的第 $j$ 列。

同样地，我们关注的是步骤 3）得到的（1，$N$）向量，该向量为中心词 $c$ 的词向量。

word2vec 模型解决了 one-hot 向量高维、稀疏的缺陷，随之转换成低维、稠密的向量。随之而来的最主要的问题是，当 *vocab* 很大时，输出层的 softmax 在计算各个词出现的概率时的计算量很大，需要对其进行优化。

（3）Hierarchical Softmax 与 Negative Sampling

为减少 word2vec 在输出层的计算量，可以使用层次 softmax（Hierarachical Softmax）和负采样（Negative Sampling）对其进行优化。

1）Hierarchical Softmax：Hierarachical Softmax 借鉴了哈夫曼树（Huffman Tree）的思想。

哈夫曼树是一种最优二叉树，其带权路径最短，如图 3-6 所示。

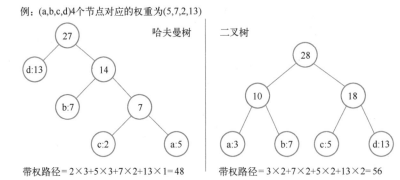

●图 3-6　哈夫曼树与二叉树的构建示例

哈夫曼树的构建步骤，如表 3-1 所示。

表 3-1　哈夫曼树的构建算法

算法 1：哈夫曼树的构建算法

输入　权值为 $(w_1, w_2, \cdots, w_n)$ 的 $n$ 个节点

处理

1：将 $(w_1, w_2, \cdots, w_n)$ 分别视作仅有 1 个节点的树，构成含有 $n$ 棵树的森林；

2：选择权重最小的两棵树进行合并，得到一棵新的树；将这两棵树分别作为新树的左、右子树；新树的根节点权重为左、右子树节点权重之和；

3：将新树加入森林，并删除森林中之前构成新树的两棵树；

4：重复 2~3，直至森林中仅有一棵树。

输出　哈夫曼树

哈夫曼树的优点在于权重越高的叶子节点离根节点越近。在编码时，会使权重越高的码长较短；权重低的码长较长。若约定图 3-6 中，左子树编码为 1，右子树编码为 0，可得到 4 个节点对应的编码为 {a:000, b:01, c:001, d:1}。

Hierarchical Softmax 就是一种将 word2vec 输出层中的 softmax 替换为哈夫曼树的优化方法，如图 3-7 所示。

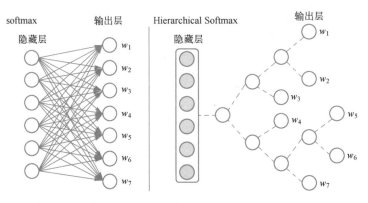

●图 3-7　softmax 与 Hierarchical softmax

图 3-7 为分别使用 softmax 和 Hierarchical Softmax 计算预测词概率的示意图，$w_1, w_2, \cdots,$ $w_7$ 为对应输出的单词概率。由图可以看出 Hierarchical Softmax 中叶子节点分别对应输出单词

概率。对于如何选择沿树的哪一边走，使用二元逻辑回归的方法。约定沿左边走编码为 0，沿右边走编码为 1。判断是 1 还是 0 需要依据 sigmoid 函数，即

$$P(\text{``0''}) = \sigma(\boldsymbol{x}_w^{\mathrm{T}}\boldsymbol{\theta}) = \frac{1}{1+\mathrm{e}^{-\boldsymbol{x}_w^{\mathrm{T}}\boldsymbol{\theta}}} \tag{3.23}$$

式中，$\boldsymbol{x}_w$ 表示当前哈夫曼树内部节点代表的向量；$\boldsymbol{\theta}$ 是需要从训练中获取的参数。$P(\text{``1''}) = 1-P(\text{``0''})$，沿左边走还是沿右边走仅需比较 $P(\text{``1''})$ 与 $P(\text{``0''})$ 的大小，哪个大就沿着哪个对应的边走。从计算量来看，以往的模型为 $O(V)$，而 Hierarchical Softmax 由于使用哈夫曼树结构，计算量为 $O(\log_2 V)$。

若定义哈夫曼编码为 $d_i^w \in 0,1,i=2,3,\cdots,l_w$（$l_w$ 表示哈夫曼树根节点和内部节点总数），节点对应参数为 $\boldsymbol{\theta}_i^w,i=2,3,\cdots,l_w-1$（不包含根节点），经过哈夫曼树中某一个节点 $j$ 的逻辑回归概率为 $P(d_j^w \mid \boldsymbol{x}_w,\boldsymbol{\theta}_{j-1}^w)$，其表达式为

$$P(d_j^w \mid \boldsymbol{x}_w,\boldsymbol{\theta}_{j-1}^w) = \begin{cases} \sigma(\boldsymbol{x}_w^{\mathrm{T}}\boldsymbol{\theta}_{j-1}^w), & d_j^w = 0 \\ 1-\sigma(\boldsymbol{x}_w^{\mathrm{T}}\boldsymbol{\theta}_{j-1}^w), & d_j^w = 1 \end{cases} \tag{3.24}$$

对于一个目标输出词 $w$，最大似然为

$$\prod_{j=2}^{l_w} P(d_j^w \mid \boldsymbol{x}_w,\boldsymbol{\theta}_{j-1}^w) = \prod_{j=2}^{l_w} \left[ \sigma(\boldsymbol{x}_w^{\mathrm{T}}\boldsymbol{\theta}_{j-1}^w) \right]^{1-d_j^w} \left[ 1 - \sigma(\boldsymbol{x}_w^{\mathrm{T}}\boldsymbol{\theta}_{j-1}^w) \right]^{d_j^w} \tag{3.25}$$

由于 word2vec 采用随机梯度上升法，所以可以使用对数似然降低计算量，其对数似然为

$$\begin{aligned} L &= \log \prod_{j=2}^{l_w} P(d_j^w \mid \boldsymbol{x}_w,\boldsymbol{\theta}_{j-1}^w) \\ &= \sum_{j=2}^{l_w} \left[ (1 - d_j^w)\log(\sigma(\boldsymbol{x}_w^{\mathrm{T}}\boldsymbol{\theta}_{j-1}^w)) + d_j^w\log(1 - \sigma(\boldsymbol{x}_w^{\mathrm{T}}\boldsymbol{\theta}_{j-1}^w)) \right] \end{aligned} \tag{3.26}$$

对 $\boldsymbol{\theta}_{j-1}^w$ 和 $\boldsymbol{x}_w$ 进行偏微分，可得到参数更新为

$$\begin{cases} \boldsymbol{\theta}_{j-1}^w = \boldsymbol{\theta}_{j-1}^w + \eta\left[ 1 - d_j^w - \sigma(\boldsymbol{x}_w^{\mathrm{T}}\boldsymbol{\theta}_{j-1}^w) \right]\boldsymbol{x}_w \\ \boldsymbol{x}_i = \boldsymbol{x}_i + \eta\sum_{j=2}^{l_w}\left[ 1 - d_j^w - \theta(\boldsymbol{x}_w^{\mathrm{T}}\boldsymbol{\theta}_{j-1}^w) \right]\boldsymbol{\theta}_{j-1}^w,(i=1,2,\cdots,2c) \end{cases} \tag{3.27}$$

尽管 Hierarchical Softmax 在一定程度上可以降低计算量，使模型训练速度更快，但也会产生一个弊端。当 *vocab* 中出现较多生僻词时，由于其权重较小，哈夫曼树在搜索时，需要较长的时间才能得到结果。

2）Negative Sampling：负采样（Negative Sampling）的思想是，若中心词为 $w$，上下文单词为 *context*($w$)，根据 window_size，共有 $2c$ 个；将中心词视作正例，词表中其他单词视作反例共 $n$ 个，进行二元逻辑回归，通过负采样得到每个词语对应的词向量。负采样依据该词语出现的频次。若词汇表大小为 $V$，将整个词表看作长度为 1 的线段，词汇表中词语的线段长度即为词语的频率；采样时，将线段划分为 $M$ 份，$M \gg V$，并随机从 $M$ 个位置中采样

出 $n$ 个位置，将每个位置对应的词语作为负例。基于此，可以实现负采样。

若将正例表示为 $w_0$，负例表示为 $(context(w), w_i), i = 1, 2, \cdots, neg$，则

$$
\begin{cases}
P(context(w_0), w_i) = \sigma(\boldsymbol{x}_{w_0}^{\mathrm{T}} \boldsymbol{\theta}^{w_i}), y_i = 1, i = 0 & \text{（正例）} \\
P(context(w_0), w_i) = 1 - \sigma(\boldsymbol{x}_{w_0}^{\mathrm{T}} \boldsymbol{\theta}^{w_i}), y_i = 0, i = 1, 2, \cdots, neg & \text{（负例）}
\end{cases}
\tag{3.28}
$$

其最大似然为

$$
\prod_{i=0}^{neg} P(contex(w_0), w_i) = \prod_{i=0}^{neg} \sigma(\boldsymbol{x}_{w_0}^{\mathrm{T}} \boldsymbol{\theta}^{w_i})^{y_i} \left[ 1 - \sigma(\boldsymbol{x}_{w_0}^{\mathrm{T}} \boldsymbol{\theta}^{w_i}) \right]^{1 - y_i}
\tag{3.29}
$$

对数似然为

$$
L = \sum_{i=0}^{neg} y_i \log(\sigma(\boldsymbol{x}_{w_0}^{\mathrm{T}} \boldsymbol{\theta}^{w_i})) + (1 - y_i) \log(1 - \sigma(\boldsymbol{x}_{w_0}^{\mathrm{T}} \boldsymbol{\theta}^{w_i}))
\tag{3.30}
$$

对 $\theta_{j-1}^w$ 和 $x_w$ 进行偏微分，可得到参数更新为

$$
\begin{cases}
\boldsymbol{\theta}_{j-1}^w = \boldsymbol{\theta}_{j-1}^w + \eta \left[ y_i - \sigma(\boldsymbol{x}_{w_0}^{\mathrm{T}} \boldsymbol{\theta}^{w_i}) \right] \boldsymbol{x}_{w_0} \\
\boldsymbol{x}_i = \boldsymbol{x}_i + \eta \sum_{i=0}^{neg} \left[ y_i - \sigma(\boldsymbol{x}_{w_0}^{\mathrm{T}} \boldsymbol{\theta}^{w_i}) \right] \boldsymbol{\theta}^{w_i}
\end{cases}
\tag{3.31}
$$

Tomas Mikolov 在论文 "Efficient Estimation of Word Representations in Vector Space" 中通过定义公式来表示不同模型的时间复杂度：

$$
O = E \times T \times Q
\tag{3.32}
$$

式中，$E$ 为训练时的迭代次数；$T$ 为训练集中单词的数量；$Q$ 为模型框架的复杂度。

四种词向量模型所需的时间复杂度，如表 3-2 所示。

表 3-2　四种词向量的时间复杂度对比

| 模　　型 | 时间复杂度 |
| --- | --- |
| NNLM | $Q = N \times D + N \times D \times H + H \times V$ |
| RNNLM | $Q = H \times H + H \times V$ |
| CBOW | $Q = N \times D + D \times \log_2 V$ |
| Skip-Gram | $Q = C \times (D + D \times \log_2 V)$ |

具体说明如下。

NNLM：$N$ 表示相关词个数，即 n 元语法模型中的 $n$；$D$ 表示词嵌入的维度；$H$ 表示隐藏层的层数；$V$ 表示 softmax 模型的时间复杂度，即 $vocab$ 的大小；

RNNLM：在 RNNLM 中，输入多少个词，隐藏层即有几层。因此，$H$ 既可以表示词数也可以表示隐藏层层数；$V$ 仍然表示 $vocab$ 的大小；

CBOW：与 NNLM 相比，CBOW 少了从输入层到输出层相连的一层，因此没有 NNLM 计算中的中间项；输出采用 Hierarchical Softmax 的时间复杂度为 $\log_2 V$；

Skip-Gram：$C$ 表示窗口大小，$D$ 表示词嵌入的维度。

从时间复杂度的公式来看，CBOW 的时间复杂度较 Skip-Gram 更低，所以在一次迭代

结束时，CBOW 所需时间更少。然而，由于 Skip-Gram 是通过中心词对周围词进行预测，而 CBOW 则是通过周围词对中间词进行预测，所以 Skip-Gram 会比 CBOW 更早达到收敛。

### 3.2.3 GloVe

GloVe 是 Jeffrey Pennington 等在其论文 "GloVe：Global Vectors for Word Representation" 中提出的一种词向量的方法。顾名思义，"Global Vectors" 一词表示该方法使用了全局的语义信息。

文中提到，在 GloVe 出现之前，学习词向量的方法可主要分为两大类：全局矩阵分解方法（如 LSA）和局部上下文窗口方法（如 word2vec）。

潜在语义分析（Latent Semantic Analysis，LSA）虽可以有效地利用统计信息，但在词汇类比方面却有缺陷。它采用 SVD 的矩阵分解技术，计算复杂度较高，且所有单词权重相同。这就导致没有考虑到不同词语具有不同的敏感程度。word2vec 虽然在词汇类比方面具有很好的效果，但由于其基于局部上下文窗口的方式，不能有效地利用全局的词汇共现信息。因此，GloVe 是克服了上述缺陷的，通过统计全局词汇共现信息学习词向量的一种方式。换句话说，GloVe 在训练时，使用的不是某个单词的统计信息，而是词与词共现的比率。

GloVe 的实现步骤如下：

1）根据语料库，构建共现矩阵 $X$。$X$ 中的每一个元素 $X_{ij}$ 表示在窗口大小的邻域内，单词 $j$ 在单词 $i$ 的上下文中出现的次数。$\sum_k X_{ik}$ 表示任意单词在单词 $i$ 的上下文中出现的总次数，$P_{ij}=P(j\,|\,i)=X_{ij}/X_i$ 表示在单词 $i$ 的上下文中单词 $j$ 出现的概率；

2）构建词向量与共现矩阵的关系。实际上，词向量学习中更为关注的是概率之间的比率问题。因此，可以从单词 $i$、$j$、$k$ 共现的一般模型，推出词向量与共现矩阵之间的关系，即

$$F(w_i,w_j,\widetilde{w}_k)=\frac{P_{ik}}{P_{jk}}\Rightarrow w_i^{\mathrm{T}}\widetilde{w}_k+b_i+\widetilde{b}_k=\log(X_{ik}) \tag{3.33}$$

式中，$w_i^{\mathrm{T}}$ 和 $\widetilde{w}_k$ 为最终的输出词向量，为了保证式（3.33）的对称性，引入偏置项 $b_i$ 和 $\widetilde{b}_k$。为防止对数函数中出现 0，可采用加一法进行平滑，将 $\log(X_{ik})$ 变为 $\log(X_{ik}+1)$。

3）依据步骤 2）得到的词向量与共现矩阵关系，构造损失函数。

$$J = \sum_{i,j=1}^{V} f(X_{ij})(w_i^{\mathrm{T}}\widetilde{w}_j + b_i + \widetilde{b}_j - \log X_{ik})^2 \tag{3.34}$$

损失函数的实质是在平方误差中加入权重函数 $f(\cdot)$。权重函数是为了保证共现次数多的单词具有较大的权重，且到达一定次数时不再增加；共现次数少的单词不参与损失函数的运算中，即 $f(0)=0$。$f(\cdot)$ 函数可通过式（3.35）进行计算。

$$f(x)=\begin{cases} (x/x_{\max})^{\alpha}, & x<x_{\max} \\ 1, & \text{其他} \end{cases} \tag{3.35}$$

如图 3-8 所示，当 $\alpha = 3/4, x_{\max} = 100$ 时的 $f(X_{ij})$ 曲线，此时效果较好。

GloVe 是一种综合了全局词汇共现信息与局部上下文窗口的词语向量化方法。由于在词语共现次数为 0 时，不参与损失函数的运算，所以可以减少计算量。然而，也会因此而在训练小数据集时，由于词语共现次数少，出现训练方向不准确的现象。

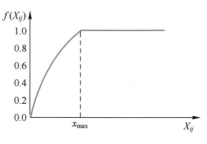

●图 3-8　$\alpha = 3/4$ 时的 $f(\cdot)$ 曲线

## 3.3　代码实战

### 3.3.1　任务 1：应用 PyTorch 搭建 Skip-Gram

本节应用 PyTorch 搭建带有 Negative Sampling 的 Skip-Gram。

（1）调用所需的库

```python
import torch
import torch.nn.functional as F
import numpy as np
```

（2）搭建 Negative Sampling

```python
TABLE_SIZE = 1e8 #划分大小 M

def create_sample_table(word_count):
    """
    构建负采样表,频率越高,表中出现的频率越高.
    """
    table = []
    frequency = np.power(np.array(word_count), 0.75)
    sum_frequency = sum(frequency)
    ratio = frequency / sum_frequency
    count = np.round(ratio * TABLE_SIZE)
    for word_idx, c in enumerate(count):
        table += [word_idx] * int(c)
    return np.array(table)
```

**（3）搭建 Skip-Gram**

```
class  SkipGramModel(torch.nn.Module):
    def __init__(self, device, vocabulary_size, embedding_dim, neg_num=0,
word_count=[]):
        super(SkipGramModel, self).__init__()
        self.device = device
        self.neg_num = neg_num
        self.embeddings = torch.nn.Embedding(vocabulary_size, embedding_dim)
        initrange = 0.5 / embedding_dim
        self.embeddings.weight.data.uniform_(-initrange, initrange)
        if self.neg_num > 0:
            self.table = create_sample_table(word_count)


    def forward(self, centers, contexts):
        batch_size = len(centers)
        u_embeds = self.embeddings(centers).view(batch_size,1,-1)
        v_embeds = self.embeddings(contexts).view(batch_size,1,-1)
        score  = torch.bmm(u_embeds, v_embeds.transpose(1,2)).squeeze()
        loss = F.logsigmoid(score).squeeze()
        if self.neg_num > 0:
            neg_contexts = torch.LongTensor(np.random.choice(self.table, size
=(batch_size, self.neg_num))).to(self.device)
            neg_v_embeds = self.embeddings(neg_contexts)
            neg_score = torch.bmm(u_embeds, neg_v_embeds.transpose(1,2)).
squeeze()
            neg_score = torch.sum(neg_score, dim=1)
            neg_score = F.logsigmoid(-1 * neg_score).squeeze()
            loss += neg_score
        return -1 * loss.sum()


    def get_embeddings(self):
        return self.embeddings.weight.data
```

## 3.3.2　任务 2：基于 GloVe 的大规模中文语料的词向量训练

本节应用 PyTorch 构建 GloVe 的词向量方法。

（1）调用所需的库

```
from nltk.tokenize import word_tokenize
from torch.autograd import Variable
import numpy as np
import torch
import torch.optim as optim
```

（2）设置参数并读取数据

```
context_size = 3
embed_size = 2
xmax = 2
alpha = 0.75
batch_size = 20
l_rate = 0.001
num_epochs = 10

text_file = open(' ', 'r')
text = text_file.read().lower()
text_file.close()
```

（3）构建词汇表（vocab）

```
word_list = word_tokenize(text)
vocab = np.unique(word_list)
w_list_size = len(word_list)
vocab_size = len(vocab)
w_to_i = {word: indfor ind, word in enumerate(vocab)}
```

（4）构建共现矩阵

```
comat = np.zeros((vocab_size, vocab_size))
for i in range(w_list_size):
    for j in range(1, context_size+1):
        ind = w_to_i[word_list[i]]
        if i-j > 0:
            lind = w_to_i[word_list[i-j]]
            comat[ind, lind] += 1.0/j
        if i+j < w_list_size:
```

```
            rind = w_to_i[word_list[i+j]]
            comat[ind, rind] += 1.0/j
coocs = np.transpose(np.nonzero(comat))
```

（5）设置权重矩阵

```
def wf(x):
    if x <xmax:
        return (x/xmax)**alpha
    return 1


l_embed, r_embed = [
    [Variable(torch.from_numpy(np.random.normal(0, 0.01, (embed_size, 1))),
        requires_grad = True) for j in range(vocab_size)] for i in range(2)]
l_biases, r_biases = [
    [Variable(torch.from_numpy(np.random.normal(0, 0.01, 1)),
        requires_grad = True) for j in range(vocab_size)] for i in range(2)]
```

（6）设置优化器及获取 batch

```
optimizer =optim.Adam(l_embed + r_embed + l_biases + r_biases, lr = l_rate)
def gen_batch():
    sample = np.random.choice(np.arange(len(coocs)), size=batch_size, replace
=False)
    l_vecs, r_vecs, covals, l_v_bias, r_v_bias = [], [], [], [], []
    for chosen in sample:
        ind =tuple(coocs[chosen])
        l_vecs.append(l_embed[ind[0]])
        r_vecs.append(r_embed[ind[1]])
        covals.append(comat[ind])
        l_v_bias.append(l_biases[ind[0]])
        r_v_bias.append(r_biases[ind[1]])
    return l_vecs, r_vecs, covals, l_v_bias, r_v_bias
```

（7）训练

```
for epoch in range(num_epochs):
    num_batches = int(w_list_size/batch_size)
    avg_loss = 0.0
```

```python
    for batch in range(num_batches):
        optimizer.zero_grad()
        l_vecs, r_vecs, covals, l_v_bias, r_v_bias = gen_batch()
        loss = sum([torch.mul((torch.dot(l_vecs[i].view(-1), r_vecs[i].view(-1)) +
                l_v_bias[i] + r_v_bias[i] - np.log(covals[i])) ** 2,
                wf(covals[i])) for i in range(batch_size)])
        avg_loss += loss.data[0]/num_batches
        loss.backward()
        optimizer.step()
    print("Average loss for epoch "+str(epoch+1)+": ",avg_loss)
```

扫一扫观看串讲视频

# 第 *4* 章

# 序列模型与梯度消失/爆炸

序列模型是指模型的输入或者输出中包含序列数据的模型。由于文本常被视作一串序列数据，因此常常使用序列模型解决 NLP 中的问题。与传统的前馈神经网络不同，当模型遇见一个词的时候，序列模型试图在同一个句子中从前面的词推导当前词。换句话说，序列模型可以通过提取已出现词的语义关系，处理之后的每个单词。

在 NLP 领域，序列模型常用来解决以下几个方面：机器翻译（many to many）、情感分析（many to one）、音乐生成（one to many）、标准神经网络（one to one）。

循环神经网络（Recurrent Neural Networks，RNN）是公认的适合序列数据的序列模型。本章将从 RNN 出发，介绍 RNN 的模型结构及理论分析，并从标准 RNN 的局限性进行扩展，详细介绍长短时记忆（Long Short-Term Memory，LSTM）网络、门控循环单元（Gated Recurrent Unit，GRU）。

# 4.1 循环神经网络

## 4.1.1 模型结构及计算过程

RNN 模型可以接受一系列大小没有预先确定的序列数据，其决策受到过去学习的影响，即当前时刻的输出可以获得之前时刻学习到的东西。因此，RNN 模型也可视作时间序列信息。RNN 模型是通过隐层的向量来记忆之前时刻学到的信息，可通过一个或多个输入向量生成一个或多个输出向量，相同的输入可产生不同的输出。其模型结构如图 4-1 所示。

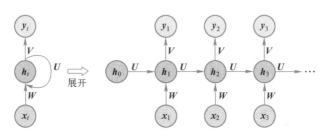

●图 4-1　RNN 模型结构

其中，$W$、$U$、$V$ 分别对应从输入层 $x_t$ 到隐藏层 $h_t$、隐藏层间、从隐藏层 $h_t$ 到输出层 $y_t$ 的权重。可以看出，RNN 模型的一个重要特征是参数共享，也因此可以达到不需要固定输入向量长度的目的。用公式来描述这一过程如下：

$$\begin{cases} y_t = g(Vh_t) \\ h_t = f(Wx_t + Uh_{t-1}) \end{cases} \qquad (4.1)$$

将 $\boldsymbol{h}_t$ 不断地代入 $\boldsymbol{y}_t$ 中，可得

$$
\begin{aligned}
\boldsymbol{y}_t &= g(\boldsymbol{V}\boldsymbol{h}_t) \\
&= \boldsymbol{V}f(\boldsymbol{W}\boldsymbol{x}_t + \boldsymbol{U}\boldsymbol{h}_{t-1}) \\
&= \boldsymbol{V}f(\boldsymbol{W}\boldsymbol{x}_t + \boldsymbol{U}f(\boldsymbol{W}\boldsymbol{x}_{t-1} + \boldsymbol{U}\boldsymbol{h}_{t-2})) \\
&= \boldsymbol{V}f(\boldsymbol{W}\boldsymbol{x}_t + \boldsymbol{U}f(\boldsymbol{W}\boldsymbol{x}_{t-1} + \boldsymbol{U}f(\boldsymbol{W}\boldsymbol{x}_{t-2} + \boldsymbol{U}\boldsymbol{h}_{t-3}))) \\
&= \boldsymbol{V}f(\boldsymbol{W}\boldsymbol{x}_t + \boldsymbol{U}f(\boldsymbol{W}\boldsymbol{x}_{t-1} + \boldsymbol{U}f(\boldsymbol{W}\boldsymbol{x}_{t-2} + \boldsymbol{U}f(\boldsymbol{W}\boldsymbol{x}_{t-3} + \cdots))))
\end{aligned}
\tag{4.2}
$$

上述式子是 RNN 的前向神经网络的计算过程，也解释了从理论上来说，RNN 模型能够学习到之前时刻所有语义信息的原因。在参数更新时，RNN 仍采用反向传播的方式，若将预测结果表示为 $\boldsymbol{o}_t$，真实值表示为 $\boldsymbol{y}_t$，则含有反向传播过程的结构图如图 4-2 所示。

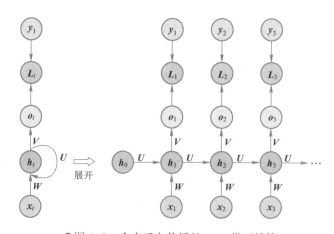

●图 4-2 含有反向传播的 RNN 模型结构

可以使用交叉熵作为损失函数，且完整序列的总体误差为单步误差之和，可表示为

$$
L_t(\boldsymbol{y}_t, \boldsymbol{o}_t) = -\boldsymbol{y}_t \log \boldsymbol{o}_t \Rightarrow L(\boldsymbol{y}, \boldsymbol{o}) = \sum_t L_t(\boldsymbol{y}_t, \boldsymbol{o}_t) = -\sum_t \boldsymbol{y}_t \log \boldsymbol{o}_t
\tag{4.3}
$$

若存在 $\boldsymbol{o}_t^* = \boldsymbol{V}\boldsymbol{h}_t, \boldsymbol{s}_t^* = \boldsymbol{W}\boldsymbol{x}_t + \boldsymbol{U}\boldsymbol{h}_{t-1}$，可根据权重 $\boldsymbol{W}$、$\boldsymbol{U}$、$\boldsymbol{V}$ 的计算公式，得到其对应的链式法则连乘公式

$$
\begin{aligned}
\frac{\partial L_t}{\partial \boldsymbol{V}} &= \frac{\partial L_t}{\partial \boldsymbol{o}_t} \frac{\partial \boldsymbol{o}_t}{\partial \boldsymbol{o}_t^*} = \frac{\partial L_t}{\partial \boldsymbol{o}_t} g'(\boldsymbol{o}_t^*) \\
\Rightarrow \frac{\partial L_t}{\partial \boldsymbol{V}} &= \frac{\partial L_t}{\partial \boldsymbol{V}\boldsymbol{h}_t} \frac{\partial \boldsymbol{V}\boldsymbol{h}_t}{\partial \boldsymbol{V}} = \left[\frac{\partial L_t}{\partial \boldsymbol{o}_t} g'(\boldsymbol{o}_t^*)\right] \boldsymbol{h}_t^{\mathrm{T}}
\end{aligned}
\tag{4.4}
$$

由此可得

$$
\frac{\partial L}{\partial \boldsymbol{V}} = \sum_t \left[\frac{\partial L_t}{\partial \boldsymbol{o}_t} g'(\boldsymbol{o}_t^*)\right] \boldsymbol{h}_t^{\mathrm{T}}
\tag{4.5}
$$

同理

$$\frac{\partial L_t}{\partial \boldsymbol{W}} = \sum_{k=1}^{t} \frac{\partial L_t}{\partial \boldsymbol{h}_k^*} \frac{\partial \boldsymbol{h}_k^*}{\partial \boldsymbol{W}} = \sum_{t} \frac{\partial L_t}{\partial \boldsymbol{h}_k^*} \boldsymbol{x}_k^{\mathrm{T}} \tag{4.6}$$

$$\frac{\partial L_t}{\partial \boldsymbol{U}} = \sum_{k=1}^{t} \frac{\partial L_t}{\partial \boldsymbol{h}_k^*} \frac{\partial \boldsymbol{h}_k^*}{\partial \boldsymbol{U}} = \sum_{t} \frac{\partial L_t}{\partial \boldsymbol{h}_k^*} \boldsymbol{h}_{k-1}^{\mathrm{T}} \tag{4.7}$$

以上是 RNN 模型的前向和反向传播的计算过程。

## 4.1.2　应用 PyTorch 搭建并训练 RNN 模型

应用 PyTorch 搭建并训练 RNN 模型的步骤如下：

（1）调用所需的库

```
import torch
from torch import nn
```

（2）定义 RNN 模型

```
class RNN(nn.Module):
    def __init__(self):
        super(RNN, self).__init__()
        self.rnn = nn.RNN(
            input_size = INPUT_SIZE
            hidden_size = HIDDEN_SIZE
            num_layers = NUM_LAYERS
            batch_first = True #以 batch_size 为第一维度的特征集
        )
        self.out = nn.Linear(hidden_size, 10) #全连接层

    def forward(self, x):
        """
        x_shape (batch, time_step, input_size)
        r_out shape (batch, time_step, output_size)
        h_n shape (n_layers, batch, hidden_size)
        """
        r_out, h_n = self.rnn(x, None)

        #选取最后一个时间点的 r_out 输出
        out = self.out(r_out[:, -1, :])
```

```
        return out

rnn = RNN()
```

通过构建一个 class 来建立 RNN 模型。其中，INPUT_SIZE、HIDDEN_SIZE、NUM_LAYERS 为自定义超参数。其模型流程如下：

（input0，state0）-> RNN/ LSTM -> （output0，state1）；

（input1，state1）-> RNN/ LSTM -> （output1，state2）；

⋮

（inputN，stateN）-> RNN/ LSTM -> （outputN，stateN+1）；

outputN -> Linear -> prediction

每一时刻的输入结合前一时刻的状态（state），实现远距离信息传输。

（3）选择优化器和损失函数

```
optimizer = torch.optim.Adam(rnn.parameters(), lr=LR)
loss_func = nn.CrossEntropyLoss()    #交叉熵
```

（4）训练和测试

```
for epoch in range(EPOCH):
    for step, (b_x, b_y) in enumerate(train_loader):
        #reshape b_x to shape (batch, time_step, input_size)
        #训练
        b_x = b_x.view(-1, TIME_STEP, INPUT_SIZE)
        output =rnn(b_x)                  #输出预测值
        loss = loss_func(output, b_y)     #计算 loss
        optimizer.zero_grad()             #防止梯度爆炸
        loss.backward()                   #反向传播
        optimizer.step()                  #参数更新
        #测试
        if step % 50 == 0:
            # test_x shape (samples, time_step, input_size)
            test_output =rnn(test_x)
            pred_y = torch.max(test_output, 1)[1].data.numpy()
            accuracy = float((pred_y == test_y).astype(int).sum()) /float(test_y.size)
```

```
          print('Epoch:', epoch,'|train loss:% .4f'% loss.data.numpy(),'|test
accuracy:% .2f'% accuracy)
```

```
#打印测试集中前 10 个预测值与真实值
test_output =rnn(test_x[:10].view(-1, TIME_STEP, INPUT_SIZE))
pred_y = torch.max(test_output, 1)[1].data.numpy()
print(pred_y, 'prediction number')
print(test_y[:10], 'real number')
```

train_loader 中存放了训练所需数据集，并使用如下命令将其转化为张量。

```
train_loader = torch.utils.data.DataLoader(dataset =train_data, batch_size =
BATCH_SIZE, shuffle =True)
```

## 4.2　梯度消失与爆炸

### 4.2.1　产生原因

梯度消失与梯度爆炸是训练神经网络过程中经常出现的问题。神经网络在通过反向传播进行参数更新时，根据非线性函数间的求导、链式法则，采用梯度上升或梯度下降的方式对参数进行更新。最初，人们使用 Sigmoid 函数作为神经网络的激活函数，其函数和导数可表示为

$$S(x) = \frac{1}{1+e^{-x}} = \frac{e^x}{e^x+1} \tag{4.8}$$

$$S'(x) = S(x)\left[1-S(x)\right] \tag{4.9}$$

由此得到的图像如图 4-3 所示。

通过计算和图可知，Sigmoid 导函数的取值范围为（0,0.25）。在模型训练时，初始化权值 $w$ 通常小于 1。随着层数的增加，根据链式法则，小于 1 的值不断相乘，导致梯度消失。而当训练的权值过大时，$\left|S'(z)w\right|>1$，大于 1 的值不断相乘，导致梯度爆炸。

从神经网络模型结构的角度出发，反向传播的过程是从输出层向输入层进行梯度上升或梯度下降。因此，在产生梯度消失或梯度爆炸的情况时，越接近输出层的层级，梯度相

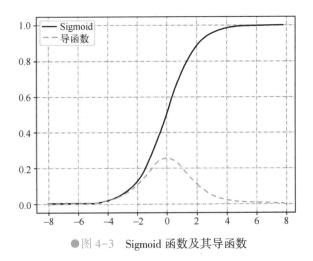

●图 4-3　Sigmoid 函数及其导函数

对更为正常，权值也接近正常；而接近输入层的层级，若产生了梯度消失，权值接近于 0，其更新缓慢或停止更新，神经网络便等价于仅有靠近输出层的几层浅层网络。

## 4.2.2　解决方法

梯度消失与梯度爆炸都是由于网络层数过多而引发的在反向传播时的链式法则连乘效应。其解决方法主要有：更换激活函数（如 ReLU、Leaky-ReLU）、批量归一化（Batch Normalization）、使用 ResNet 残差单元、梯度裁剪/正则化。

（1）更换激活函数

上述问题的产生原因可粗略地视作 Sigmoid 函数的饱和性问题。因此，可以将 Sigmoid 函数替换为 ReLU 函数，可表示为

$$\mathrm{ReLU} = \begin{cases} \max(0, x), & x > 0 \\ 0, & x \leq 0 \end{cases} \tag{4.10}$$

其对应图像如图 4-4 所示。

从图中可以看出，ReLU 的导函数只有两个值 0 和 1。这可以避免由于连乘造成的梯度消失与梯度爆炸问题。然而，与此同时，也产生了一个新的问题：死亡节点。

死亡节点的产生是因为当设置了较大的学习率，且权重值恰好为较大值时，输入数据经过该神经元，得到的输出是一个小于 0 的值。当这个值经过 ReLU 时，得到的结果为 0。从此，该节点不再参与更新，变成了死亡节点。

因此，尽管 ReLU 在一定程度上可以解决梯度消失的问题，但又产生了死亡节点的新问题。研究人员便研究出 Leaky-ReLU 这一激活函数，可表示为

$$\mathrm{Leaky\text{-}ReLU} = \begin{cases} x, & x > 0 \\ \dfrac{x}{a}, & x \leq 0 \end{cases} \tag{4.11}$$

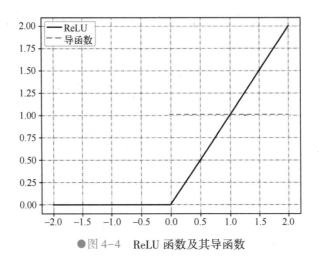

●图4-4　ReLU 函数及其导函数

式中，$a \in (1, \infty)$ 为固定参数。Leaky-ReLU 在 ReLU 的基础上，给予所有非正值一个非负斜率，避免了死亡节点的产生。

Leaky-ReLU 还有一些变形函数，如 PReLU、RReLU。在具体应用时，可根据不同任务的需要选择合适的激活函数。

（2）Batch Normalization

Batch Normalization，简记为 BN，即批量归一化。其思想是通过将输出信号规范化到均值为 0、方差为 1 的标准正态分布上，使每一层神经网络的输入保持相同的分布，从而保证网络的稳定性。

深层神经网络在进行非线性变换的过程中，随着层数的逐渐加深，整体分布会逐渐靠近非线性激活函数上下限取值的两端，造成梯度消失。神经网络的每一层经过 BN 后，大部分值落入非线性函数的线性区域内，对应的导数会远离饱和区，产生较大的梯度。除此之外，也加快了收敛速度。BN 的公式可表示为

$$
\begin{cases}
\mu_B \leftarrow \dfrac{1}{m} \displaystyle\sum_{i=0}^{m} x_i \\[2ex]
\sigma_B^2 \leftarrow \dfrac{1}{m} \displaystyle\sum_{i=0}^{m} (x_i - \mu_B)^2 \\[2ex]
\hat{x}_i \leftarrow \dfrac{x_i - \mu_B}{\sqrt{\sigma_B^2 + \varepsilon}} \\[2ex]
y_i \leftarrow \gamma \hat{x}_i + \beta \equiv BN_{\gamma, \beta}(x_i)
\end{cases}
\tag{4.12}
$$

式中，在计算 $\mu_B$ 和 $\sigma_B^2$ 时，是通过一个 batch 进行计算的，一个 batch 里包含 $m$ 个样本。在计算新的输入 $x$ 时，为防止方差为 0，引入一个非 0 值 $\varepsilon$。$\gamma$ 和 $\beta$ 是通过训练学习到的，用来对激活函数进行反变换，以防止网络的表达能力降低。

（3）ResNet 残差单元

ResNet 残差单元的结构如图 4-5 所示。

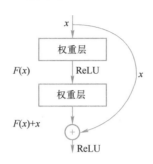

●图 4-5　ResNet 单元结构

与传统的神经网络相比，ResNet 单元通过跨层连接将输入数据（本身不经过权重层）直接传到激活函数前。其反向传播的过程可表示为

$$\frac{\partial \, Loss}{\partial \, x_l} = \frac{\partial \, Loss}{\partial \, x_L} \frac{\partial \, x_L}{\partial \, x_l} = \frac{\partial \, Loss}{\partial \, x_L} \left[ 1 + \frac{\partial}{\partial \, x_L} \sum_{i=1}^{L-1} F(x_i, W_i) \right] \tag{4.13}$$

上式最右边中的第一项 $\dfrac{\partial \, Loss}{\partial \, x_L}$ 表示损失函数到达第 $L$ 层的梯度；第二项中的 1 表示无差别传输 $x$ 得到的梯度，$\dfrac{\partial}{\partial \, x_L} \sum_{i=1}^{L-1} F(x_i, W_i)$ 表示经过带有权重层得到的梯度。尽管会存在 $\dfrac{\partial}{\partial \, x_L} \sum_{i=1}^{L-1} F(x_i, W_i) = -1$ 的情况，但由于其实际中很少发生，因此，认为使用 ResNet 能够避免梯度消失及梯度爆炸的问题。

（4）梯度裁剪/正则

梯度裁剪是针对梯度爆炸提出的。其思想为：既然产生梯度爆炸的原因是连乘过程导致的梯度越来越大，那么可以通过对梯度设置阈值，将梯度强行控制在一个范围之内，防止梯度爆炸。

正则化是针对权重而言的，可以对权重进行惩罚。一般情况下，常使用 $L_2$ 正则化，即在损失函数后加入正则项：

$$L = L_0 + \alpha \| w \|_2 \tag{4.14}$$

式中，$L_0$ 表示原始的损失函数，$\alpha$ 表示正则项的系数。当权重过大时，通过正则项可限制梯度爆炸的发生。

注：在实际应用中，常使用正则化防止过拟合。常使用 $L_0$、$L_1$、$L_2$ 正则项。

$L_0$ 表示模型参数中非零值的个数；

$L_1$ 表示各个参数绝对值之和；

$L_2$ 表示累加各个参数的平方和的开方值。

正则化是通过稀疏参数，降低模型的复杂度，从而避免过拟合的发生。

## 4.3 改进方法

RNN 使用 tanh 函数作为非线性激活函数，但同样也会产生梯度消失和梯度爆炸的问题。tanh 函数及其导函数如图 4-6 所示。

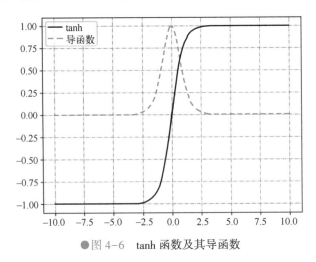

●图 4-6 tanh 函数及其导函数

从图中可知，tanh 函数的导函数取值范围为 $(0,1)$，而且比 Sigmoid 函数的导函数取值范围大。但仍然存在饱和区域，会导致梯度消失的现象发生。因此，RNN 仅从理论上来说，能够使当前时刻结合全部之前时刻提取出的信息。对此，一些学者对 RNN 内部模型结构进行优化，解决了这个问题。本节将介绍 RNN 的两种改进模型：LSTM 及 GRU。

### 4.3.1 LSTM

LSTM 模型是由 Sepp Hochreiter 在其文章 "Long Short-term Memory" 中提出的。该模型的隐藏层可分为四个单元：单元（Cell）、输入门、输出门和遗忘门，通过 "门" 来控制在单元中存储的信息量，使其有选择性地使部分有需要的信息通过。标准的 RNN 与 LSTM 模型结构对比如图 4-7 所示。其中，浅灰色的方框即表示一个单元。

首先，通过遗忘门决定单元中需要丢弃哪些信息（将 $h_{t-1}$ 与 $x_t$ 输入到 Sigmoid 函数，得到一个 $(0,1)$ 中的值，决定 $C_{t-1}$ 中保留的信息量），如图 4-8 所示。

$$f_t = \sigma(W_f \cdot [h_{t-1}, x_t] + b_f) \tag{4.15}$$

式中，"[ ]" 表示两个向量相连接；"·" 表示点乘。

然后，通过输入门决定单元中需要更新的信息量（将 $h_{t-1}$ 与 $x_t$ 输入到 Sigmoid 函数，得到一个 $(0,1)$ 中的值，决定 $C_{t-1}$ 中保留的信息量），并利用 $h_{t-1}$ 与 $x_t$ 得到中间存储单元 $\widetilde{C}_t$ 中的

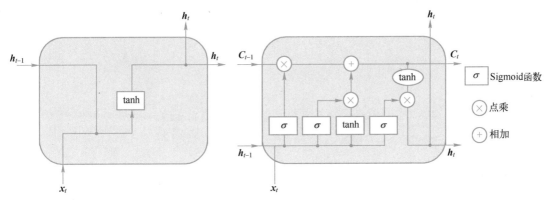

●图 4-7 标准 RNN 与 LSTM 模型结构对比

信息，如图 4-9 所示。

$$i_t = \sigma(W_i \cdot [h_{t-1}, x_t] + b_i) \qquad (4.16)$$

$$\widetilde{C}_t = \tanh(W_i \cdot [h_{t-1}, x_t] + b_i) \qquad (4.17)$$

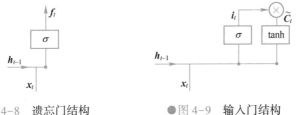

●图 4-8　遗忘门结构　　　　　●图 4-9　输入门结构

随即，将 $C_{t-1}$ 更新为 $C_t$，使遗忘门丢弃部分 $C_{t-1}$ 中的信息，输入门添加部分中间存储细胞 $\widetilde{C}_t$ 中的信息，如图 4-10 所示。

$$C_t = f_t \cdot C_{t-1} + i_t \cdot \widetilde{C}_t \qquad (4.18)$$

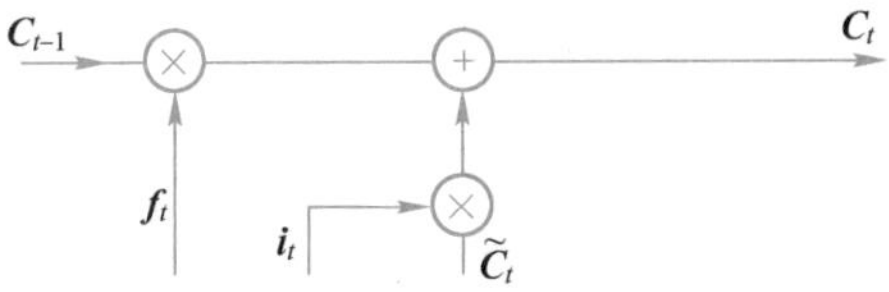

●图 4-10　更新单元

接着，通过输出门得到最终的输出向量（将 $h_{t-1}$ 与 $x_t$ 输入到 Sigmoid 函数，得到一个 $(0,1)$ 中的值，决定信息输出的信息量），并将其与单元 $C_t$ 中存储的信息相乘，得到该单元的输出（隐状态 $h_t$），如图 4-11 所示。

$$o_t = \sigma(W_o \cdot [h_{t-1}, x_t] + b_o) \qquad (4.19)$$

$$h_t = o_t \cdot \tanh(C_t) \qquad (4.20)$$

最终，该时刻的输出 $y_t$ 与 RNN 模型的计算方式相同。

$$y_t = g(Vh_t) \qquad (4.21)$$

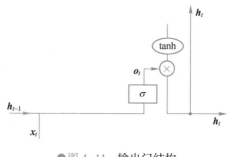

●图 4-11　输出门结构

以上为标准的单层 LSTM 模型前向传播的过程，通过"门"状态有选择性地丢弃和保留信息，实现长时间存储记忆信息的目的。然而，由于增加门结构和单元，使其参数变多，训练速度较 RNN 慢。

在此基础上，Gers 和 Schmidhuber 提出了一种带有"窥视孔连接"的 LSTM，如图 4-12 所示。

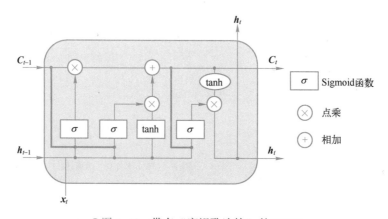

●图 4-12　带有"窥视孔连接"的 LSTM

与标准的 LSTM 相比，带有"窥视孔连接的 LSTM"模型多了图 4-12 中的加粗线条。这表示可以使"门"输入到细胞状态中。计算公式也随之转换为

$$
\begin{cases}
\boldsymbol{f}_t = \sigma(\boldsymbol{W}_f \cdot [\boldsymbol{C}_{t-1}, \boldsymbol{h}_{t-1}, \boldsymbol{x}_t] + \boldsymbol{b}_f) \\
\boldsymbol{i}_t = \sigma(\boldsymbol{W}_i \cdot [\boldsymbol{C}_{t-1}, \boldsymbol{h}_{t-1}, \boldsymbol{x}_t] + \boldsymbol{b}_i) \\
\boldsymbol{o}_t = \sigma(\boldsymbol{W}_o \cdot [\boldsymbol{C}_t, \boldsymbol{h}_{t-1}, \boldsymbol{x}] + \boldsymbol{b}_o)
\end{cases}
\tag{4.22}
$$

从式（4.22）可以看出，在计算 $\boldsymbol{f}_t$、$\boldsymbol{i}_t$、$\boldsymbol{o}_t$ 时，直接加入了单元状态 $\boldsymbol{C}_{t-1}$ 或 $\boldsymbol{C}_t$，可解释性更强，便于理解。

## 4.3.2　GRU

上节提到，LSTM 能够解决梯度消失，且真正意义上实现长时间存储记忆信息。美中不

足的是，LSTM 使用参数较多，计算量较大。因此，Cho 等人提出一种基于 LSTM 的变形结构——GRU（Gated Recurrent Unit）模型，如图 4-13 所示。

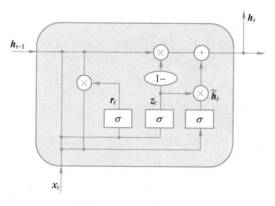

●图 4-13　GRU 模型结构

GRU 模型同样使用"门"结构来控制传输的信息量，它只有更新门 $z_t$ 和重置门 $r_t$。更新门由 LSTM 中遗忘门和输入门合并得到，可视作之前时刻被保存的信息量；重置门可视作将新的输入信息与之前时刻结合后的信息量。计算过程为

$$\begin{cases} z_t = \sigma(W_z \cdot [h_{t-1}, x_t]) \\ r_t = \sigma(W_r \cdot [h_{t-1}, x_t]) \\ \widetilde{h}_t = \tanh(W \cdot [r_t \cdot h_{t-1}, x_t]) \\ h_t = (1 - z_t) \cdot h_{t-1} + z_t \cdot \widetilde{h}_t \end{cases} \tag{4.23}$$

对比 GRU 与 LSTM 的前向传播计算公式，显然，GRU 使用的参数更少。为了更加清晰地展示 GRU 模型的前向和反向传播过程，将图 4-13 调整后，如图 4-14 所示。

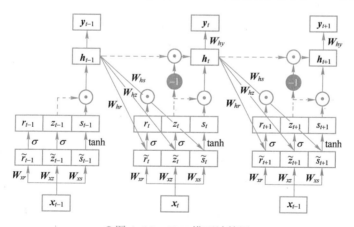

●图 4-14　GRU 模型计算图

其中，$s_t$ 等价于 $\widetilde{h}_t$。其前向计算过程可替换为

$$\begin{cases} r_t = \sigma(\tilde{r}_t) = \sigma(\boldsymbol{W}_{xr}x_t + \boldsymbol{W}_{hr}\boldsymbol{h}_{t-1} + \boldsymbol{b}_r) \\ z_t = \sigma(\tilde{z}_t) = \sigma(\boldsymbol{W}_{xz}x_t + \boldsymbol{W}_{hz}\boldsymbol{h}_{t-1} + \boldsymbol{b}_z) \\ s_t = \tanh(\tilde{s}_t) = \tanh(\boldsymbol{W}_{xs}\boldsymbol{x}_t + (\boldsymbol{h}_{t-1} \odot r_t)\boldsymbol{W}_{hs} + \boldsymbol{b}_s) \\ \boldsymbol{h}_t = z_t \odot s_t + \boldsymbol{h}_{t-1} \odot (1 - z_t) \\ \boldsymbol{y}_t = \boldsymbol{W}_{yh}\boldsymbol{h}_t + \boldsymbol{b}_y \end{cases} \tag{4.24}$$

从式中可以看出，对于不同的"门"结构，$\boldsymbol{W}_z$、$\boldsymbol{W}_r$、$\boldsymbol{W}$ 都存在与 $\boldsymbol{x}$、$\boldsymbol{h}$ 对应的权重矩阵。由于参数较多，其反向传播计算同样较为复杂。$t$ 时刻中间节点的梯度可表示为

$$\begin{cases} \dfrac{\partial L}{\partial \boldsymbol{h}_t} = \dfrac{\partial L}{\partial \boldsymbol{y}_t}\boldsymbol{W}_{hy}^{\mathrm{T}} + \dfrac{\partial L}{\partial \tilde{r}_{t+1}}\boldsymbol{W}_{hr}^{\mathrm{T}} + \dfrac{\partial L}{\partial \tilde{z}_{t+1}}\boldsymbol{W}_{hz}^{\mathrm{T}} + \dfrac{\partial L}{\partial \tilde{s}_{t+1}}\boldsymbol{W}_{hs}^{\mathrm{T}} \odot r_t + \dfrac{\partial L}{\partial \tilde{h}_{t+1}} \odot (1 - z_t) \\[2mm] \dfrac{\partial L}{\partial s_t} = \dfrac{\partial L}{\partial \boldsymbol{h}_t} \odot z_t \\[2mm] \dfrac{\partial L}{\partial z_t} = \dfrac{\partial L}{\partial \boldsymbol{h}_t} \odot s_t + \dfrac{\partial L}{\partial \boldsymbol{h}_t} \odot (-\boldsymbol{h}_{t-1}) \\[2mm] \dfrac{\partial L}{\partial r_t} = \dfrac{\partial L}{\partial \tilde{s}_t}\boldsymbol{W}_{hs}^{\mathrm{T}} \odot \boldsymbol{h}_{t-1} \\[2mm] \dfrac{\partial L}{\partial \boldsymbol{x}_t} = \dfrac{\partial L}{\partial \tilde{r}_t}\boldsymbol{W}_{xr}^{\mathrm{T}} + \dfrac{\partial L}{\partial \tilde{z}_t}\boldsymbol{W}_{xz}^{\mathrm{T}} + \dfrac{\partial L}{\partial \tilde{s}_t}\boldsymbol{W}_{xs}^{\mathrm{T}} \end{cases} \tag{4.25}$$

其中

$$\begin{cases} \dfrac{\partial L}{\partial \tilde{s}_t} = \dfrac{\partial L}{\partial s_t}(1 - s_t^2) \\[2mm] \dfrac{\partial L}{\partial \tilde{z}_t} = \dfrac{\partial L}{\partial z_t}z_t(1 - z_t) \\[2mm] \dfrac{\partial L}{\partial \tilde{r}_t} = \dfrac{\partial L}{\partial r_t}r_t(1 - r_t) \end{cases} \tag{4.26}$$

对参数进行梯度求导，可得

$$\begin{cases} \dfrac{\partial L}{\partial \boldsymbol{W}_{hy}} = \boldsymbol{h}_t^{\mathrm{T}}\dfrac{\partial L}{\partial \tilde{s}_t} \\[2mm] \dfrac{\partial L}{\partial \boldsymbol{W}_{hs}} = (\boldsymbol{h}_{t-1} \odot r_t)^{\mathrm{T}}\dfrac{\partial L}{\partial \tilde{s}_t} \\[2mm] \dfrac{\partial L}{\partial \boldsymbol{W}_{hz}} = \boldsymbol{h}_{t-1}^{\mathrm{T}}\dfrac{\partial L}{\partial \tilde{z}_t} \\[2mm] \dfrac{\partial L}{\partial \boldsymbol{W}_{hr}} = \boldsymbol{h}_{t-1}^{\mathrm{T}}\dfrac{\partial L}{\partial \tilde{r}_t} \end{cases} \tag{4.27a}$$

$$\begin{cases} \dfrac{\partial L}{\partial \boldsymbol{W}_{xs}} = \boldsymbol{x}_t^{\mathrm{T}} \dfrac{\partial L}{\partial \widetilde{s}_t} \\[3mm] \dfrac{\partial L}{\partial \boldsymbol{W}_{xz}} = \boldsymbol{x}_t^{\mathrm{T}} \dfrac{\partial L}{\partial \widetilde{z}_t} \\[3mm] \dfrac{\partial L}{\partial \boldsymbol{W}_{xr}} = \boldsymbol{x}_t^{\mathrm{T}} \dfrac{\partial L}{\partial \widetilde{r}_t} \end{cases} \qquad (4.27b)$$

根据求导结果, 可对 GRU 的参数进行更新。

## 4.4　代码实战: 搭建 LSTM/GRU 的文本分类器

完整的文本分类任务需要对先数据集进行预处理, 构建 vocab 词汇表, 在此不做说明。本节主要给出应用 PyTorch 搭建 LSTM/GRU 的文本分类器、训练以及测试的主要代码。

(1) 模型搭建

```python
import torch
import torch.nn as nn
from torch.nn.utils.rnn import pack_padded_sequence, pad_packed_sequence

class RNN(nn.Module):
  def __init__(self,vocab_size, embed_size, num_output, rnn_model='LSTM', use_
last=True, embedding_tensor=None,padding_index=0, hidden_size=64, num_
layers=1, batch_first=True):
super(RNN, self).__init__()
    self.use_last = use_last
    #embedding
    self.encoder = None
    if torch.is_tensor(embedding_tensor):
      self.encoder = nn.Embedding(vocab_size, embed_size, padding_idx=padding
_index, _weight=embedding_tensor)
      self.encoder.weight.requires_grad = False
    else:
      self.encoder = nn.Embedding(vocab_size, embed_size, padding_idx=padding
_index)
    self.drop_en = nn.Dropout(p=0.6)
```

```
    #rnn module
    if rnn_model == 'LSTM':
        self.rnn = nn.LSTM(input_size=embed_size, hidden_size=hidden_size, num_
layers=num_layers, dropout=0.5, batch_first=True, bidirectional=True)
    elif rnn_model == 'GRU':
        self.rnn = nn.GRU(input_size=embed_size, hidden_size=hidden_size, num_
layers=num_layers, dropout=0.5, batch_first=True, bidirectional=True)
    else:
        raiseLookupError(' only support LSTM and GRU')

    self.bn2 = nn.BatchNorm1d(hidden_size*2)
    self.fc = nn.Linear(hidden_size*2, num_output)

def forward(self, x, seq_lengths):
    x_embed = self.encoder(x)
    x_embed = self.drop_en(x_embed)
    packed_input = pack_padded_sequence(x_embed, seq_lengths.cpu().numpy(),
batch_first=True)
    packed_output, ht = self.rnn(packed_input, None)
    out_rnn, _ = pad_packed_sequence(packed_output, batch_first=True)
    row_indices = torch.arange(0, x.size(0)).long()
    col_indices =seq_lengths-1
    if next(self.parameters()).is_cuda:
        row_indices = row_indices.cuda()
        col_indices = col_indices.cuda()

    if self.use_last:
        last_tensor=out_rnn[row_indices, col_indices, :]
    else:
        last_tensor = out_rnn[row_indices, :, :]
        last_tensor = torch.mean(last_tensor, dim=1)

    fc_input = self.bn2(last_tensor)
    out = self.fc(fc_input)
    return out
```

（2）模型训练

```
if args.cuda:
    torch.backends.cudnn.enabled = True
```

```
cudnn.benchmark = True
model.cuda()
criterion = criterion.cuda()

def train(train_loader, model, criterion, optimizer, epoch):
  batch_time =AverageMeter()
  data_time =AverageMeter()
  losses =AverageMeter()
  top1 =AverageMeter()

  #switch to train mode
  model.train()

  end = time.time()
  for i, (input, target,seq_lengths) in enumerate(train_loader):
    #measure data loading time
    data_time.update(time.time() - end)

    if args.cuda:
      input = input.cuda(async=True)
      target = target.cuda(async=True)

    #compute output
    output = model(input,seq_lengths)
    loss = criterion(output, target)

    #measure accuracy and record loss
    prec1 = accuracy(output.data, target, topk=(1,))
    losses.update(loss.data, input.size(0))
    top1.update(prec1[0][0], input.size(0))
    #compute gradient and do SGD step
    optimizer.zero_grad()
    loss.backward()
    torch.nn.utils.clip_grad_norm_(model.parameters(), args.clip)
    optimizer.step()

    #measure elapsed time
    batch_time.update(time.time() - end)
```

```
        end = time.time()

    if i != 0 and i % args.print_freq == 0:
        print('Epoch: [{0}][{1}/{2}]Time {batch_time.val:.3f} ({batch_time.avg:
.3f})' ' Data {data_time.val:.3f} ({data_time.avg:.3f}) Loss {loss.val:.4f}
({loss.avg:.4f})' ' Prec@1 {top1.val:.3f} ({top1.avg:.3f})'.format (epoch, i,
len(train_loader), batch_time=batch_time, data_time=data_time, loss=losses,
top1=top1))
        gc.collect()
```

## （3）模型测试

```
def test(val_loader, model, criterion):
    batch_time = AverageMeter()
    losses = AverageMeter()
    top1 = AverageMeter()

    #switch to evaluate mode
    model.eval()
    end = time.time()
    for i, (input, target,seq_lengths) in enumerate(val_loader):
        if args.cuda:
            input = input.cuda(async=True)
            target = target.cuda(async=True)

        #compute output
        output = model(input,seq_lengths)
        loss = criterion(output, target)

        #measure accuracy and record loss
        prec1 = accuracy(output.data, target, topk=(1,))
        losses.update(loss.data, input.size(0))
        top1.update(prec1[0][0], input.size(0))

        #measure elapsed time
        batch_time.update(time.time() - end)
        end = time.time()

        if i != 0 and i % args.print_freq == 0:
```

```
    print(' Test: [{0}/{1}] Time {batch_time.val:.3f} ({batch_time.avg:.3f})''
Loss {loss.val:.4f} ({loss.avg:.4f}) Prec@1 {top1.val:.3f} ({top1.avg:.3f})'
.format(i, len(val_loader), batch_time=batch_time, loss=losses, top1=top1))
    gc.collect()


  print(' * Prec@1 {top1.avg:.3f}'.format(top1=top1))
  return top1.avg
```

（4）准确率计算函数及学习率调整函数

```
def accuracy(output, target,topk=(1,)):
  maxk = max(topk)
  batch_size = target.size(0)

  _,pred = output.topk(maxk, 1, True, True)
  pred = pred.t()
  correct =pred.eq(target.view(1, -1).expand_as(pred))

  res = []
  for k intopk:
    correct_k = correct[:k].view(-1).float().sum(0, keepdim=True)
    res.append(correct_k.mul_(100.0 /batch_size))
  return res

def adjust_learning_rate(lr, optimizer, epoch):
  lr = lr * (0.1 ** (epoch //8))
  forparam_group in optimizer.param_groups:
    param_group['lr'] = lr
```

（5）运行

```
for epoch in range(1, args.epochs+1):
  adjust_learning_rate(args.lr, optimizer, epoch)
  train(train_loader, model, criterion, optimizer, epoch)
  test(val_loader, model, criterion)

  #save current model
  if epoch % args.save_freq == 0:
    name_model = 'rnn_{}.pkl'.format(epoch)
    path_save_model = os.path.join('gen', name_model)
  joblib.dump(model.float(), path_save_model, compress=2)
```

# 第 5 章

# 卷积神经网络在 NLP 领域的应用

## 5.1 卷积神经网络的概念

卷积神经网络（Convolutional Neural Network，CNN）主要用来捕捉并提取局部特征，一开始广泛应用于图像处理并取得巨大的成功，现在也被应用在自然语言处理（NLP）中，例如情感分类、意图识别等。随着深度学习的发展，在实际应用中使用单纯的 CNN 模型已经不是首选，一般将 CNN 作为特征提取器与其他方法结合一同完成任务。

卷积神经网络最开始应用于图像领域，图像特征存在于由一个个像素值组成的矩阵中，而相较于图像，文本的局部特征则是文本的单词序列根据某窗口大小滑动得到的若干子序列，因此卷积神经网络能够通过使用不同大小的卷积核实现对 n-gram 特征的提取，从而获取到不同层级的语义特征。

一个 CNN 主要包含以下几个层：输入层、卷积层、池化层、全连接层，结构如图 5-1 所示。

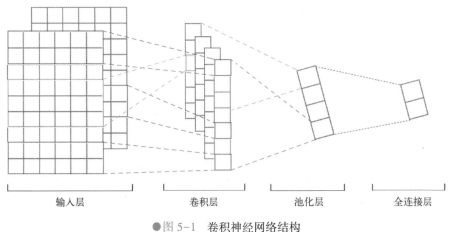

●图 5-1　卷积神经网络结构

在基于卷积神经网络的文本分类任务中，一般首先对输入层的词向量矩阵使用单个或多个不同窗口尺寸的卷积核进行卷积操作，得到单通道或多通道的特征图；之后，特征图经过池化操作得到该卷积核对应的语句特征；最后，连接一个全连接层并使用 Softmax 函数得到不同的类别相对应的概率。

### 5.1.1 输入层

（1）词嵌入

计算机视觉（Computer Vision，CV）的输入是图像或视频，与之不同的是，自然语言处理的输入是段文本，即一维的词序列。数字图像是由许多不同灰度值的像素排列构成的，像素值的取值是连续的，而文本数据的取值是离散的，是一种非结构化的数据，因此自然语言处理首先要把文字表示成为能够被计算机直接计算的数字或者向量。

文本表示（Representation）主要分为离散表示（Discrete Representation）和分布式表示（Distributed Representation）。其中，独热编码（one-hot）、TF-IDF 和词袋模型（Bi-gram）都属于离散表示，分布式表示则主要有 n 元（n-gram）模型、共现矩阵（Co-Occurrence Matrix）和词嵌入（Word Embedding）。如图 5-2 所示。

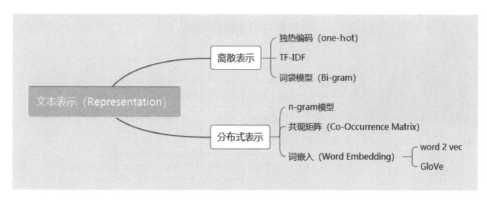

●图 5-2　文本表示分类

目前自然语言处理中文本表示主要采用的词嵌入技术。PyTorch 框架提供了一个与词嵌入相关的类和函数，能够简单、快速地对文本进行词嵌入处理。处理的流程如下：

1）对文本进行分词等处理后建立词典，为每一个词赋予一个对应的 ID，特别地，预留两个字符'pad'和'unk'：'pad'为填充字符，当输入为多个词序列时，使用'pad'填充可确保每个词序列的长度一致，可拼接成一个权值矩阵；'unk'为未知字符，当输入的词序列中含有词表中未包含的词时可使用'unk'代替。

2）调用 PyTorch 提供的函数 torch.nn.Embedding(num_embeddings, embedding_dim)得到一个二维的权值矩阵，其中 num_embeddings 表示嵌入词典的大小，embedding_dim 表示每个嵌入向量的大小，即词向量维度。

3）最后，根据实际输入的词序列，查询词典获得对应的 ID 序列，根据每个词的 ID 和二维权值矩阵的第一维下标，为每个词匹配得到一个大小为 embedding_dim 的一维向量，实际上相当于使用一个一维实数向量表示了一个词，最终实现计算机对文本的运算。

具体的处理过程如图 5-3 所示。

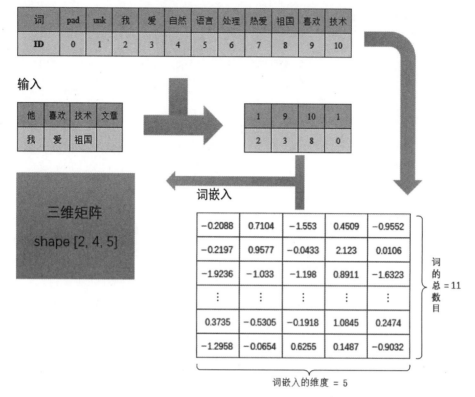

●图5-3　自然语言处理的词嵌入过程

（2）词嵌入相关代码

```
import torch
import torch.nn as nn
from torch.autograd import Variable
torch.manual_seed(123)

#文本所有词汇
text = ["我", "爱", "自然", "语言", "处理", "热爱", "祖国", "喜欢", "技术"]

#建立词表 {'我': 2, '爱': 3, '自然': 4, '语言': 5, '处理': 6, '热爱': 7, '祖国': 8, '喜欢': 9, '技术':
10, 'pad': 0, 'unk': 1}
word2id = dict(zip(text, list(range(2, len(text)+2))))
word2id['pad'] = 0
word2id['unk'] = 1

#输入文本
test = [["他", "喜欢", "技术", "文章"], ["我", "爱", "祖国"]]

#word to id, input_x: [[1, 9, 10, 1], [2, 3, 8]]
```

```
max_len = 0
input_x = []
for sent in test:
    max_len = len(sent) if max_len < len(sent) else max_len
    temp = []
    for word in sent:
        temp_word = word2id[word] if word in word2id else word2id['unk']
        temp.append(temp_word)
    input_x.append(temp)

#填充 word2id['pad'], input_x: [[1, 9, 10, 1], [2, 3, 8, 0]]
for item in input_x:
    item += [word2id['pad'] for _ in range(max_len-len(item))]

#定义词嵌入:单词个数 11, 维度 5
embeds = nn.Embedding(len(word2id), 5)
"""
#词嵌入矩阵 embeds.weight
tensor([[ 0.3374, -0.1778, -0.3035, -0.5880, 0.3486],
        [ 0.6603, -0.2196, -0.3792, 0.7671, -1.1925],
        [ 0.6984, -1.4097, 0.1794, 1.8951, 0.4954],
        [ 0.2692, -0.0770, -1.0205, -0.1690, 0.9178],
        [ 1.5810, 1.3010, 1.2753, -0.2010, 0.4965],
        [-1.5723, 0.9666, -1.1481, -1.1589, 0.3255],
        [-0.6315, -2.8400, -1.3250, 0.1784, -2.1338],
        [ 1.0524, -0.3885, -0.9343, -0.4991, 0.1388],
        [-0.2044, -2.2685, -0.9133, -0.4204, 1.3111],
        [-0.2199, 0.2190, 0.2293, 0.6177, -0.2876],
        [ 0.8218, 0.1512, 0.1036, -2.1996, -0.0885]],
       requires_grad=True)
"""

#Input:(*), LongTensor of arbitrary shape containing the indices to extract
#Output:(*,H), where * is the input shape and H=embedding_dim
input_x = Variable(torch.LongTensor(input_x))
input_x = embeds(input_x)
"""
#input_x
tensor([[[ 0.6603, -0.2196, -0.3792, 0.7671, -1.1925],
         [-0.2199, 0.2190, 0.2293, 0.6177, -0.2876],
         [ 0.8218, 0.1512, 0.1036, -2.1996, -0.0885],
         [ 0.6603, -0.2196, -0.3792, 0.7671, -1.1925]],
```

```
    [[ 0.6984, -1.4097, 0.1794, 1.8951, 0.4954],
     [ 0.2692, -0.0770, -1.0205, -0.1690, 0.9178],
     [-0.2044, -2.2685, -0.9133, -0.4204, 1.3111],
     [ 0.3374, -0.1778, -0.3035, -0.5880, 0.3486]]],
   grad_fn=<EmbeddingBackward>)
 """
```

## 5.1.2　卷积层

卷积层核心是使用卷积核对词向量矩阵（图像领域是像素矩阵）做卷积操作来提取局部特征。

（1）基本概念

在学习本节内容之前，需要先回顾几个基本概念：词向量矩阵、卷积核、卷积操作、感受野。

词向量矩阵（Word Vector Matrix）：文本序列经过词嵌入后拼接组成的数值矩阵。

卷积核（Convolution Kernel）：一个与输入数据大小相契合的权值矩阵，同一个卷积核权值是固定的。在实际应用中，常常使用多个卷积核来提取数据特征。

卷积操作：卷积核与词向量矩阵的内积。

感受野（Receptive Field）：卷积神经网络特征所能看到输入图像的区域。

（2）卷积操作

对于输入为 $N×D$ 的矩阵（$D$ 为输入向量的维度大小），可以使用不同大小的卷积核进行卷积操作：

$$C_i = f(w \otimes x_{ij} + b)$$

式中，$\otimes$ 表示卷积操作；$w$ 为一个 $D×j$ 维的权值矩阵，即窗口大小为 $j$ 的卷积核；$x_{ij}$ 为词向量矩阵的第 $i$ 行到第 $i+j-1$ 行组成的 $j×D$ 维矩阵；$b$ 为偏置项；$f(x)$ 为非线性函数（又称激活函数，如 Sigmoid 函数、ReLU 函数）；

卷积操作如图 5-4 所示。图 5-4b 为卷积核，图 5-4a 为输入矩阵。卷积核从第一行按照先从左到右、从上到下的顺序移动，并与输入矩阵进行内积操作，将内积结果拼接得到图 5-4c 中的一个特征图（Feature Map）经过一个卷积核的卷积操作后得到了一个新的特征图。

（3）步长和填充

卷积核在输入矩阵上先从左到右，然后从上到下滑动进行内积计算。

步长（Stride）：卷积核每次滑动的距离称为步长，步长决定了卷积核滑动多少次后到达输入矩阵的边缘。

填充（Padding）：当进行卷积操作时，经过处理的文本大小会与输入矩阵的大小不一，

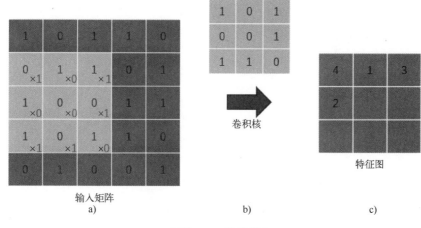

●图5-4 卷积操作

因此，通常在输入矩阵的外侧填充一些数据再进行处理，一般填充的是0。这样，卷积核可以从初始位置以单位步长滑动至输入矩阵末尾位置。

一般地，步长stride、零填充padding、卷积核kernel_size、输入特征图input_size、输出特征图output_size的关系符合以下公式（计算结果不被整除时，卷积向下取整，池化向上取整）：

$$output\_size = 1 + (input\_size + 2 \times padding - kernel\_size) / stride$$

（4）多尺度特征

多尺度特征（Multi-scale Feature）指的是不同粒度的特征信息。在不同的尺度下可以观察到不同的特征信息，反之越少，因此对于达到瓶颈的网络，可以尝试使用多尺度特征来提高网络性能。常见的融合多尺度特征的网络结构有两种：并行多分支结构和串行的跳层连接结构，虽然这两种方式在融合方向上不同，但它们都是在不同大小的感受野下进行特征提取。

针对卷积层，并行多分支结构的多尺度特征融合网络可以通过采用多个不同大小的卷积核实现，即在输入矩阵上，设置多个不同的卷积核，每次卷积操作都表示对输入的一次特征向量抽取，这样能够提取到不同的特征的向量，然后拼接为一个整体作为卷积层的输出。最终输出为

$$C_i = [c_1, c_2, c_3, \cdots]$$
$$output\_cnn = C_1 \oplus C_2 \oplus \cdots \oplus C_n$$

其中，$C_i$是第$i$个卷积核所得的特征向量；$\oplus$表示向量拼接操作。

相关代码可参考：

```python
import torch
import torch.nn as nn
import torch.nn.functional as F
```

```
class CNN(nn.Module):
    def __init__(self):
        super(CNN, self).__init__()
        #定义词嵌入
        self.embeds = nn.Embedding(100, 128)
        #设置了三个大小分别为 3×128、5×128、7×128 的卷积
        self.convs = nn.ModuleList([nn.Conv2d(1, 16, (K, 128)) for K in [3, 5, 7]])

    def forward(self, x):
        x = self.embeds(x)  #x shape (2, 12, 128)
        x = x.unsqueeze(1)  #x shape (2, 1, 12, 128)
        x = [F.relu(conv(x)).squeeze(3) for conv in self.convs]  #x shape [(2, 16)] * 3
        #拼接操作
        x = torch.cat(x, 1)  #x shape (2, 16 * 3)
```

（5）局部感受野和权值共享机制

局部感受野和权值共享机制是 CNN 针对全连接神经网络处理图像出现参数量过多、占用资源大、计算时间长等问题而提出的改进方法，最终目的是减少网络参数数目和计算量。

局部感受野：CNN 的卷积核每次卷积操作只关注当前输入数据的某一局部区域，并对其抽取高阶的特征信息。相较全连接神经网络的神经元与输入数据全部相连而进行的全局感知，局部感受野大量减少了网络参数数目和资源的占用。

权值共享机制：权值共享即对于同一个卷积核，其权值在卷积过程中不变。输入词向量矩阵变化，而卷积核不变，这样能够对整段文本提取同一层次的语义信息，而不同的卷积核可以提取不同层次的语义信息。

（6）卷积相关代码

在 PyTorch 中，可以使用 Conv2d 函数定义一个卷积层，其输入和输入符合：

$$\text{Input}:(N, C_{in}, H_{in}, W_{in})$$
$$\text{Output}:(N, C_{out}, H_{out}, W_{out})$$

其中，$N$ 是批大小；$C$ 是通道数；$W$ 和 $H$ 分别是输入序列的词数和词嵌入维度，它们的计算公式如下所示：

$$W_{out} = \left[ W_{in} + 2 * \text{padding}[1] - \text{dilation}[1] * \text{kernel\_size}[1] - 1) - 1 \right] / \text{stride}[1] + 1$$
$$H_{out} = \left[ H_{in} + 2 * \text{padding}[0] - \text{dilation}[0] * \text{kernel\_size}[0] - 1) - 1 \right] / \text{stride}[0] + 1$$

```
import torch
import torch.nn as nn
```

```
from torch.autograd import Variable
torch.manual_seed(123)


#non-square kernels for nlp
#conv1: non-square kernels and equal stride
conv1 = nn.Conv2d(
    in_channels=1,          #输入的通道数
    out_channels=32,        #卷积产生的通道数
    kernel_size=(5,100),    #卷积核大小[int or tuple(kernel_sizes, embedding_dim)]
    stride=1,               #步长 stride=2 is the same as stride=(2,2)
    padding=0,              #零填充
)
#conv2: non-square kernels and unequal stride and padding
conv2 = nn.Conv2d(1, 32, (5,100), stride=2, padding=1)


#input_x shape: [20,1,50,100]
input_x = Variable(torch.randn(20,1,50,100))
#output_conv1 shape: [20,32,46,1] 46 = math.floor(1+(50+2*0-5)/1)
#output_conv2 shape: [20,32,24,2] 24 = math.floor(1+(50+2*1-5)/2)
output_conv1 = conv1(input_x)
output_conv2 = conv2(input_x)
```

## 5.1.3 池化层

常用的池化操作主要包括最大池化（Max Pooling）、均值池化（Mean Pooling）。

（1）最大池化

最大池化是指求池化窗口内特征值的最大值，并将该值作为该窗口区域池化后的值。最大池化更关注区域内最大的参数值而忽视其他数值较小的参数，减少了噪声从而提高了模型的健壮性，因此最大池化能够缓解特征提取中因网络参数误差而造成估计均值偏移的问题。

（2）均值池化

均值池化是指求池化窗口内特征值的平均值，并将该值作为该窗口区域池化后的值。均值池化能够缓解特征提取中因领域大小受限而造成估计值方差过大的问题。

图5-5表示卷积核（Filter）大小为2×2、步长（stride）为2的最大池化和均值池化操作。

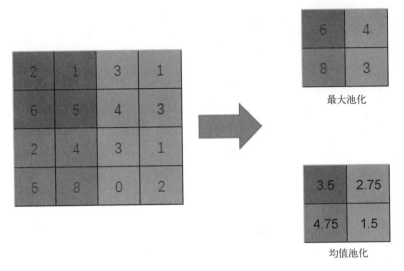

最大池化

均值池化

●图 5-5　最大池化和均值池化操作

（3）其他池化

此外，池化操作还有随机池化、中值池化、相邻重叠区域池化和空间金字塔池化等。

（4）池化的作用

池化操作实质上是一种下采样（又称为降采样）操作。其作用主要是提取区域内最具代表性的特征，降低特征的输出维度从而降低参数量。池化的作用主要有以下几点：

1）降低参数量，减少计算量，一定程度上可以防止过拟合；

2）选择合适的池化操作能够减小特征提取的误差；

3）保持平移、旋转等操作时的不变性：在采用最大池化时，对输入的数值矩阵进行平移或旋转等操作，最后输出结果不变；

4）获取定长的输出：不同长度的文本通过池化得到一个定长的向量。

（5）池化相关代码

在 PyTorch 中提供一系池化相关的函数，如一维最大池化 MaxPool1d 函数和它的逆操作 MaxUnpool1d 函数，还有一维平均池化 AvgPool1d 函数，等等。其中，最大池化 MaxPool1d 函数的输入输出符合：

$$\text{Input}:(N, C_{in}, L_{in})$$
$$\text{Output}:(N, C_{out}, L_{out})$$

其中，$N$ 是批大小；$C$ 是通道数；$L$ 是词嵌入维度。它们之间的计算公式如下：

$$L_{out} = [L_{in} + 2 * padding - dilation(kernel\_size - 1) - 1] / stride + 1$$

```
import torch
import torch.nn as nn
from torch.autograd import Variable
torch.manual_seed(123)
```

```
m = nn.MaxPool1d(kernel_size=3, stride=2)
input_x = Variable(torch.randn(2, 4, 5))
"""
#input_x
[[[ 0.3374, -0.1778, -0.3035, -0.5880,  0.3486],
  [ 0.6603, -0.2196, -0.3792,  0.7671, -1.1925],
  [ 0.6984, -1.4097,  0.1794,  1.8951,  0.4954],
  [ 0.2692, -0.0770, -1.0205, -0.1690,  0.9178]],

 [[ 1.5810,  1.3010,  1.2753, -0.2010,  0.9624],
  [ 0.2492, -0.4845, -2.0929, -0.8199, -0.4210],
  [-0.9620,  1.2825, -0.3430, -0.6821, -0.9887],
  [-1.7018, -0.7498, -1.1285,  0.4135,  0.2892]]]
"""
output = m(input_x)
"""
#output
[[[ 0.3374,  0.3486],
  [ 0.6603,  0.7671],
  [ 0.6984,  1.8951],
  [ 0.2692,  0.9178]],

 [[ 1.5810,  1.2753],
  [ 0.2492, -0.4210],
  [ 1.2825, -0.3430],
  [-0.7498,  0.4135]]]
"""
```

## 5.1.4 全连接层

全连接层（Fully Connected Layers）和传统的全连接神经网络类似，其神经元连接着上一层的所有节点。卷积神经网络经过卷积层、池化层后得到文本的特征向量表示，之后全连接层负责将上层提取并映射得到的高维特征信息进行全局整合。在基于卷积神经网络的文本分类任务中，最后一层一般是将全连接层作为分类器得到对应分类数的输出，最后使用 Softmax 函数计算各个类别的概率。如图 5-6 所示。

全连接层的定义函数在 PyTorch 中也有提供，即 torch.nn.Linear（in_features，out_

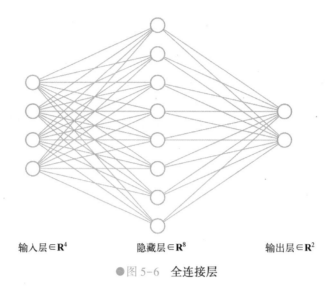

输入层∈$\mathbf{R}^4$      隐藏层∈$\mathbf{R}^8$      输出层∈$\mathbf{R}^2$

●图 5-6   全连接层

features，bias＝True），其中，in_features 和 out_features 分别为输入和输出；bias 为偏置（默认为 True）。

## 5.2   空洞卷积神经网络

在图像处理的语义分割领域，空洞卷积（Dilated Convolution）是一种经常使用的方法。全卷积网络（Fully Convolutional Network，FCN）和传统的卷积神经网络一样，对输入的图像首先进行卷积后再进行池化操作，这样做虽然增大卷积层的感受野却也降低了图像像素。但是图像的语义分割是对像素的预测，因此需要将经过池化下采样得到的较小尺寸的特征图上采样（upsampling）还原为初始的图像尺寸，以确保最终输出的图像尺寸和输入图像一致。之所以要进行池化操作是为了扩大感受野，因而能够很好地整合上下文信息来用于预测。但经过下采样这个过程中也损失了一部分信息，上采样并不能无损地将丢失信息补回。研究人员发现下采样并不是必要的，即不通过池化也可以获得足够大的感受野，这种方法就是使用空洞卷积，它能在保证不降低图像分辨率的情况下扩大卷积层感受野并融合多尺度的上下文特征信息。

### 5.2.1   空洞卷积的基本定义

随着卷积神经网络的不断研究和应用，按照卷积方式的不同，可以分为 3D 卷积、转置卷积、分组卷积、可分卷积等。Dilated Convolution 的中文称为空洞卷积或者膨胀卷积，空洞卷积神经网络（Dilated Convolution Neural Networks）与标准卷积神经网络的区别仅在于卷积层中卷积操作的不同。

与标准卷积相比，空洞卷积多出一个称为空洞系数（Dilation Rate）的超参数，它表示卷积核元素之间的间隔大小，空洞卷积的感受野与空洞系数有关。

（1）标准卷积和空洞卷积

定义一个3×3的卷积核，它是一个3×3大小的权值矩阵，其中的元素值随机生成。如下图所示，使用3×3的卷积核对5×5的输入特征图（Feature Map）进行卷积操作，其中步长为2，无填充，得到的输出特征图的大小为2×2，如图5-7所示。

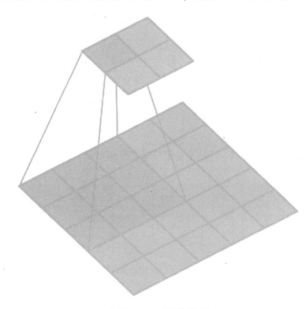

●图5-7　标准卷积

在卷积核的元素之间填充间隙，如此改动的卷积核在对输入的权值矩阵进行卷积操作时会跳过某些输入值，使得相同参数数量的卷积核能够处理更广的区域，同时也由于它跳过一些输入值而丢失一定的信息。卷积核元素的间隙越大对细粒度的信息的捕捉越少，但对某些任务（如图像的语义分割）的效果却是正向的，对此采取多个不同空洞系数的空洞卷积彼此堆叠的方式能够保证一定细粒度信息的获取。

如图5-8所示，使用3×3的卷积核对7×7输入的特征图进行卷积操作，其中空洞系数为2，步长为1，无填充，得到的输出特征图大小为3×3。可见，当空洞系数为1时，即为标准卷积。

（2）空洞系数与感受野

如图5-9所示，图中圆点表示卷积核参数值，阴影部分表示卷积核在原图像上的感受野区域。其中三个图的卷积核大小都是3×3，图5-9a~c分别表示空洞系数为1、2、4的空洞卷积操作，其卷积的感受野区域分别为3×3、7×7、15×15。图5-9c位于图5-9b的下一层，图5-9b又位于图5-9a的下一层，即图5-9c在图5-9b的卷积结果上进行卷积操作，图5-9b在图5-9a的卷积结果上进行卷积操作。

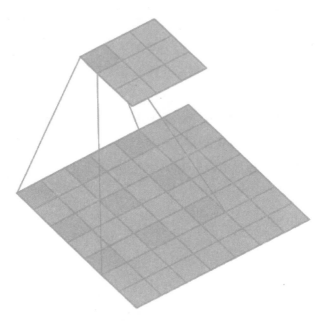

●图 5-8　空洞卷积

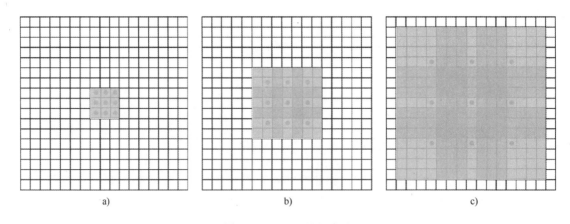

●图 5-9　空洞系数与感受野

采用空洞卷积的神经网络一般是堆叠结构，随着层数（Layer）的增加，空洞系数也会不断增大，网络参数的数量呈线性增长，而感受野呈指数增长。

空洞系数 $i$ 与感受野大小 $F_{i+1}$ 之间的关系如下所示：

$$F_{i+1} = (2^{i+2} - 1)(2^{i+2} - 1)$$

（3）空洞卷积的作用

空洞卷积的作用主要有以下几点：

1）空洞卷积能够在不增加额外参数的情况下实现更大的感受野。

2）空洞卷积能够避免下采样操作，保留原始图像的分辨率和输入特征的相对空间位置信息。

3）空洞卷积有助于在更长的文本中捕捉句子的结构和上下文内容。

4）空洞卷积可以减少网络参数，在捕获更多信息的同时提高训练的速度。

## 5.2.2 空洞卷积在 NLP 中的应用

空洞卷积一开始应用于图像的语义分割，但它也能够被应用在自然语言处理和语音领域。如 Nal Kalchbrenner 等人提出的 ByteNet 就是由两个空洞卷积神经网络（Dilated Convolutional Neural Networks）堆叠而成的网络结构，它能够在线性范围的时间复杂度内快速完成语言翻译。

空洞卷积也可以应用在命名实体识别任务中。例如，Emma Strubell 等人提出的 ID-CNN-CRF 模型，该模型由 4 个结构相同的 Dilated CNN 块拼接而成，最后一个块的输出作为 CRF 层的输入，计算得到标注结果并根据损失更新网络权值。Dilated CNN 块的结构如图 5-10 所示。

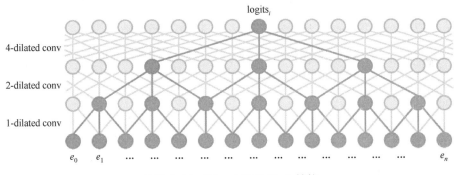

●图 5-10 Dilated CNN block 结构

图 5-10 中，输入序列$e_0$，$e_1$，…，$e_n$依次经过三层空洞卷积（最大空洞系数为 4），输入序列中的每一个字得到一个对应的 logits。这样的网络结构能够极大减少网络参数，加快计算速度，并且对长文本序列能够捕捉到足够长的历史信息。

## 5.2.3 空洞卷积相关代码

空洞卷积和标准卷积相比多了一个超参数（Hyperparameter）dilation，它规定 kernel points 的间距。因此，实现空洞卷积有两种思路：第一种，对卷积核填充 0，若卷积核大小是 3×3，dilation＝2，除卷积核中的 9 个元素外其余元素值置零，那么一次卷积操作过程中相乘运算是 5×5 次；第二种，对输入等间隔采样，若卷积核大小是 3×3，dilation＝2，但一次卷积操作过程中相乘运算依旧是 3×3 次，参数数量和计算量不变。

在 PyTorch 提供的 Conv2d 函数中，dilation 默认为 1（标准卷积，kernel points 间距为0），和定义标准卷类似，在调用函数定义一个空洞卷积时只需要额外再明确 dilation 的值即可。

```
import torch
import torch.nn as nn
from torch.autograd import Variable
torch.manual_seed(123)


conv1 = nn.Conv2d(
    in_channels=1,           #输入的通道数
    out_channels=16,         #卷积产生的通道数
    kernel_size=(3,100),     #卷积核大小[int or tuple(kernel_sizes,embedding_dim)]
    stride=(2,1),            #步长 stride=2 is the same as stride=(2,2)
    padding=(4,2),           #零填充
    dilation=(3,1),          #空洞系数[int or tuple]
)


input_x = Variable(torch.randn(20,1,50,100))    #定义输入
output_conv1 = conv1(input_x)                       #对输入进行卷积操作,得到输出
```

## 5.2.4 多层卷积

在 5.1 节中,我们提到一个卷积神经网络(CNN)结构主要包含:输入层、卷积层、池化层以及全连接层。卷积神经网络在对输入层的词向量矩阵进行卷积操作后,得到特征图;然后特征图经过池化层,得到语句特征。基于空洞卷积的神经网络则是取消了池化层,并将标准卷积改为空洞卷积,它的网络一般是堆叠结构,即使用多层卷积的网络结构。

一般地,网络中只使用一次卷积层和池化层从语句中提取到的语言特征比较浅,因此在大多数的实际情况中,为了使模型能够更深地理解句子中的信息,从而得到更多的语义和语法信息,我们一般使用多个"卷积"和"池化"层。即把卷积层和池化层看成一个整体,多个整体首尾相接,再加上开始的输入层和最后的全连接层,这样就形成多层 CNN 模型。以下是两层 CNN 模型的部分参考代码:

```
class Deep_CNN(nn.Module):
    def __init__(self, args):
        super(Deep_CNN, self).__init__()
        self.args = args
        V = args.embed_num        #词汇表大小
        D = args.embed_dim        #词向量维度
        conv_in = 1               #定义第三个维度:高度 in_channels=1
```

```
conv_out = args.kernel_num        #卷积核的个数
kernel_sizes = [int(x) for x in args.kernel_sizes.split(',')]   #卷积核大小
#定义词嵌入
self.embed = nn.Embedding(V, D)
#定义多个卷积层
self.convs1 = [nn.Conv2d(conv_in, D, (K, D), stride = 1, padding = (K //2,
0), bias = True) for K in kernel_sizes]
self.convs2 = [nn.Conv2d(conv_in, conv_out, (K, D), stride = 1, padding =
(K //2, 0), bias = True) for K in kernel_sizes]
#查看卷积层结构
print(self.convs1)
print(self.convs2)


def forward(self, x):
    x = self.embed(x)              #(N, W, D)
    x = x.unsqueeze(1)             #(N, Ci, W, D)
    #第一层卷积操作
    out_convs1 = [torch.transpose(F.relu(conv(x)).squeeze(3), 1, 2)
                forconv in self.convs1]
    #第二层卷积操作
    out_convs2 = [F.relu(conv(out_convs1.unsqueeze(1))).squeeze(3)
                for (conv, out_convs1) in zip(self.convs2, out_convs1)]
```

## 5.3 代码实战：CNN 情感分类实战

卷积神经网络可以用来处理分类任务，它在末尾的全连接层处使用 Softmax 函数可计算各个类别的概率，取概率最大的类别为最终结果。因此，它能够用来处理自然语言中基础的且重要的文本分类、情感分析等任务。

本小节，通过 Python 来实现 CNN 对公开的文本的情感分类。这里使用康奈尔大学提供的公开数据 Cornell Movie Dialogs Corpus，这是一个从电影数据中生成的电影对白语料。本小节使用的一共有两个文件：rt-polarity. pos 和 rt-polarity. neg，它们分别保存正向和负向情感的文本。

## 5.3.1　数据处理

在实现 CNN 的代码之前，需要对数据集进行一些预处理，这里将两个文件的文本进行混合，并按照 6:2:2 的比例切分为 train、dev、test 这三个数据集（见图 5-11）。其中，train 数据集用来训练模型；dev 数据集用来对训练得到的模型进行调参、验证和挑选训练最优的模型等；test 数据集负责对模型进行无偏差的评估，能够对模型的实际性能得到一个具体、客观的评估。

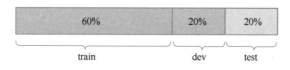

●图 5-11　数据集切分方式

最终，数据处理为如下的格式："Comment|||Label"。其中 Comment 为评论的文本内容，Label 为该评论所对应的情感极性的标签，它们中间使用字符串 "|||" 分隔。情感极性有两种，正向标记为 1，负向标记为 0，也可以标注成其他字符串，它仅是一个标记。以下是数据处理的几个示例。

it's not life-affirming its vulgar and mean, but i liked it . ||| 1

a well-done film of a self-reflexive, philosophical nature . ||| 1

laughably, irredeemably awful . ||| 0

moving and vibrant . ||| 1

## 5.3.2　程序主干部分

数据处理好之后，可以开始编写 CNN。为了简洁明了，首先讲解程序的主干部分，然后按照主干部分的执行顺序讲解其他 Python 文件。新建一个名为 main 的 Python 文件，程序从这里开始，其内部主要封装了如下函数：

```python
import os
import argparse
import datetime
import torch
import torchtext.data as data
from data_loader import DataLoader
from model_CNN import CNN
```

```python
from model_DeepCNN import Deep_CNN
import train_CNN

def load_param():
    pass

def load_data(config):
    pass

def load_model(config):
    pass

def start_train(model, config, train_iter, dev_iter, test_iter):
    pass

if __name__ == "__main__":
    #加载超参数
    config = load_param()
    #GPU 相关
    if config.cuda is True:
        print("Using GPU To Train...")
        torch.cuda.manual_seed_all(123)
        torch.cuda.set_device(config.device_id)
    #加载数据
    train_iter, dev_iter, test_iter = load_data(config)
    #加载模型
    model = load_model(config)
    #开始训练
    start_train(model, config, train_iter, dev_iter, test_iter)
```

1）load_param 负责加载训练前预先设置好的超参数。在深度学习的神经网络中一般包含有成千上万甚至更多个参数，它们在训练过程中通过反向传播更新优化，如神经网络的权重等。除了这样能够通过训练被优化的参数外，还有一种参数称为超参数，它们是配置参数，不能被优化，但通过调整这些超参数能够调节神经网络的结构及其训练过程，如神经网络的层数、卷积核大小、词向量维度等。在 load_param 中，我们使用 Python 提供的 argparse 模块来加载超参数。

```
import argparse

def load_param():
    parser = argparse.ArgumentParser(description=' TextCNN text classifier')
    #data
    parser.add_argument('-train-file', type=str, default='./data/rt-polarity-
train.txt', help='')
    parser.add_argument('-dev-file', type=str, default='./data/rt-polarity-
dev.txt', help='')
    parser.add_argument('-test-file', type=str, default='./data/rt-polarity-
test.txt', help='')
    parser.add_argument('-min-freq', type=int, default=1, help='')
    parser.add_argument('-epochs-shuffle', type=bool, default=True, help='')
    #model
    parser.add_argument('-embed-dim', type=int, default=128, help='')
    parser.add_argument('-kernel-num', type=int, default=100, help='')
    parser.add_argument('-max-norm', type=float, default=5.0, help='')
    parser.add_argument('-dropout', type=float, default=0.5, help='')
    #......
```

2）load_data 函数负责加载数据和数据的预处理，即读取上一步处理得到数据文件，处理后返回模型所需要的数据。这里使用 Torchtext 文本处理工具包来对数据进行处理，Torchtext 对数据的处理主要分为 Dataset、Field 和 Iterator 三个部分，使用 Dataset 类读取数据文件，使用 Field 类建立词典，使用 Iterator 类获取迭代器用于之后的模型训练。

Torchtext 的使用简化了代码，但由于其封装比较严密，建议读者后续自行编写代码实现这部分的功能，具体处理过程和最终所需的数据格式请参考 5.1.1 节介绍的词嵌入。图 5-12 显示 Torchtext 处理得到数据的结构。

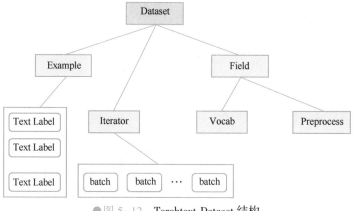

●图 5-12　Torchtext Dataset 结构

```
def load_data(config):
    text_field = data.Field(lower=True)
    label_field = data.Field(sequential=False)
    #读取数据集 DataLoader 为自定义的类,继承 torchtext.Dataset
    train_data, dev_data, test_data = \
        DataLoader.splits("", config.train_file, config.dev_file,
                config.test_file, text_field, label_field)
    #建立词典
    text_field.build_vocab(train_data.text, min_freq=config.min_freq)
    label_field.build_vocab(train_data.label)
    #获取迭代器 迭代器返回按模型所需格式的数据
    train_iter, dev_iter, test_iter = \
        data.Iterator.splits((train_data, dev_data, test_data),
                batch_sizes=(config.batch_size, len(dev_data), len(test_data)),
                device=-1, repeat=False, shuffle=config.epochs_shuffle, sort=False)
    #更新超参数
    config.embed_num = len(text_field.vocab)
    config.class_num = len(label_field.vocab) - 1
    config.unkId = text_field.vocab.stoi['<unk>']
    config.paddingId = text_field.vocab.stoi['<pad>']
    print("len(text_field.vocab) {}\nlen(label_field.vocab) {}".format(con-
fig.embed_num, config.class_num))
    config.save_dir = os.path.join(""+config.save_dir, datetime.datetime.now
().strftime('%Y-%m-%d_%H-%M-%S'))
    if not os.path.isdir(config.save_dir):
        os.makedirs(config.save_dir)

    return train_iter, dev_iter, test_iter
```

3）load_model 函数负责加载并返回模型，其形参为 config，包含先前设置的超参数。

```
def load_model(config):
    model = None
    if config.CNN:
        print("Initializing CNN model...")
        model = CNN(config)
    elif config.Deep_CNN:
        print("Initializing Deep_CNN model...")
```

```
        model = Deep_CNN(config)
    assert model is not None
    #是否使用 GPU
    if config.cuda is True:
        model = model.cuda()
    return model
```

### 5.3.3　模型部分

在 load_model 函数里使用了从 model_CNN.py 中导入的 model_CNN 类，它继承 torch.nn.Module，CNN 的实现就封装在 model_CNN 类中。

其中 __init__ 函数主要负责根据超参数初始化 CNN 模型，即定义卷积层、池化层、全连接层等，提供给 forward 函数在前向传播中调用。

```
import torch
import torch.nn as nn
import torch.nn.functional as F
import random
torch.manual_seed(123)                     #设置随机种子
random.seed(123)


class CNN(nn.Module):
    #初始化 CNN 模型
    def __init__(self, args):
        super(CNN, self).__init__()
        self.args = args

        V = args.embed_num                 #词汇表大小
        D = args.embed_dim                 #词向量维度
        class_num = args.class_num         #分类数目
        conv_in = 1                        #in_channels＝1
        conv_out = args.kernel_num         #卷积核的个数
        kernel_sizes = [int(x) for x in args.kernel_sizes.split(',')]  #卷积核大小
        #定义词嵌入
        self.embed = nn.Embedding(V, D, max_norm=args.max_norm, scale_grad_by_
freq=True)
```

```
    #定义dropout层,每次前向传播时,随机将输入张量中部分元素设置为0
    self.dropout = nn.Dropout(args.dropout)
    #定义卷积层
    self.convs1 = nn.ModuleList([nn.Conv2d(conv_in, conv_out, (K, D)) for K
in kernel_sizes])
    """相当于
    self.conv1-[size3] = nn.Conv2d(Ci, Co, (3, D))
    self.conv1-[size4] = nn.Conv2d(Ci, Co, (4, D))
    self.conv1-[size5] = nn.Conv2d(Ci, Co, (5, D))
    """
    #定义全连接层
    layer_in = len(kernel_sizes) * conv_out
    half = len(kernel_sizes) * conv_out //2
    self.hidden = nn.Linear(layer_in, half)
    self.out = nn.Linear(half, class_num)


def forward(self, x):
    pass
```

对于一般的卷积神经网络，其前向传播的大致流程是：卷积（Cond2d）→激活函数（ReLU）→池化（Max Pooling）→拼接（Cat）→全连接层（FC layer），最后对情感极性类别进行打分。forward 函数即定义前向传播的过程。

```
def forward(self, x):
    x = self.embed(x)        #(N, W, D)
    x = x.unsqueeze(1)       #(N, Ci, W, D)

    x = [F.relu(conv(x)).squeeze(3) for conv in self.convs1]  #[(N, Co, W), ...]*len(Ks)
    x = [F.max_pool1d(i, i.size(2)).squeeze(2) for i in x]   #[(N, Co), ...]*len(Ks)
    x = torch.cat(x, 1)      #(N, Co * len(Ks))
    """
    相当于
    x1 = self.conv_and_pool(x,self.conv13)  #(N,Co)
    x2 = self.conv_and_pool(x,self.conv14)  #(N,Co)
    x3 = self.conv_and_pool(x,self.conv15)  #(N,Co)
    x = torch.cat((x1, x2, x3), 1) #(N,len(Ks) * Co)
    """
```

```
x = self.dropout(x)  #(N,conv_out * len(Kernel_sizes))
x = self.hidden(x)
logit = self.out(x)
return logit          #(N, Class_num)
```

## 5.3.4　模型训练与评估

在超参数、数据加载和模型定义完成之后，就能够开始训练模型。这时将前面获得的数据集迭代器、模型和超参数传递给 train 函数，开始模型的训练、评估。

训练过程主要步骤如下：从 train 数据集的迭代器中获取批数据，每一步使用一批数据进行训练。首先，为本步训练清空当前优化器的梯度，将批数据作为输入传递给 CNN 模型得到输出；然后，计算预测值与真实值的损失函数的值（loss），根据 loss 使用反向传播算法计算梯度；最后，应用梯度更新神经网络的权重，完成一步训练。

```
def train(train_iter, dev_iter, test_iter, model, args):
    #Define optimizer, Adam or SGD
    optimizer = None
    if args.Adam is True:
        optimizer = torch.optim.Adam(model.parameters(), lr=args.lr, weight_
decay=args.weight_decay)
    elif args.SGD is True:
        optimizer = torch.optim.SGD(model.parameters(), lr=args.lr, weight_de-
cay=args.weight_decay, momentum=args.momentum_value)
    assert optimizer is not None
    batches = math.ceil(len(train_iter.dataset)/args.batch_size)
    best_eval = {'dev_accuracy': -1,'test_accuracy': -1,'best_epoch': -1,'best_dev':
False}
    #set to train mode, In order to useBatchNormalization and Dropout
    model.train()
    for epoch in range(1, args.epochs+1):
        print("\n\n###The epoch {}, Total epoch {} ###".format(epoch,
args.epochs))
        #get batch data for training
        for steps, batch in enumerate(train_iter, start=1):
            feature, target = batch.text, batch.label
            #batch first, index align
```

```
    feature, target = feature.data.t(), target.data.sub(1)
    if args.cuda:  #GPU
        feature, target = feature.cuda(), target.cuda()
    optimizer.zero_grad()  #clear gradients in this training step
    logit = model(feature)  #cnn output
    loss = F.cross_entropy(logit, target)  #compute loss
    loss.backward()         #backpropagation and compute gradients
    if args.clip_max_norm is not None:
        utils.clip_grad_norm(model.parameters(), max_norm=args.clip_max_norm)
    optimizer.step()  #apply gradients
    #compute current training accuracy
    if steps % args.log_interval == 0:
        corrects = (torch.max(logit, 1)[1].view(target.size()).data ==
target.data).sum()
        accuracy = float(corrects)/batch.batch_size * 100.0
        sys.stdout.write('\rBatch[{}/{}] - loss: {:.6f}  acc: {:.4f}% ({}/{})'
          .format(steps,batches,loss.item(),accuracy,corrects,batch.batch_size))
    #call the evaluation function to evaluate
    if steps % args.test_interval == 0:
        eval(dev_iter, model, args, best_eval, epoch, test=False)
        eval(test_iter, model, args, best_eval, epoch, test=True)
    if steps % args.save_interval == 0:  #save model
        if not os.path.isdir(args.save_dir):
            os.makedirs(args.save_dir)
        save_path = os.path.join(args.save_dir, 'epoch{}_steps{}.pt'
        .format(epoch, steps))
        torch.save(model.state_dict(), save_path)
```

为了获知模型的训练情况及其当前的性能，每隔一定的训练步数就调用评估函数并使用 dev、test 这两个数据集对模型进行评估。这时处于模型评估阶段应通过 model.eval( ) 切换为评估模式，而不使用 Batch Normalization 和 Dropout，评估结束后再切换回训练模式。评估和训练的过程基本一致，相比之下，评估缺少计算梯度和反向传播等过程，仅仅获取模型对输入的输出。

```
def eval(data_iter, model, args, best_eval, epoch, test=False):
    model.eval()
    corrects,avg_loss = 0, 0
    for batch in data_iter:
```

```
        feature, target = batch.text, batch.label
        feature, target = feature.data.t(), target.data.sub(1)
        if args.cuda:
            feature, target = feature.cuda(), target.cuda()
        logit = model(feature)
        loss = F.cross_entropy(logit, target, size_average=True)
        avg_loss += loss.item()
        corrects += (torch.max(logit, 1)[1].view(target.size()).data == target.
data).sum()
    data_size = len(data_iter.dataset)
    avg_loss = loss.item()/data_size
    accuracy = 100.0 * corrects/data_size
    model.train()
    print('loss: {:.6f}\tacc: {:.4f}% ({}/{})'.format(avg_loss, accuracy, cor-
rects, data_size))
    #判断是否准确率最佳的模型,更新 best_eval 中相关字段
```

扫一扫观看串讲视频

# 第 *6* 章

# Seq2Seq 模型与 Attention 机制

序列到序列（Sequence to Sequence，Seq2Seq）结构最开始是谷歌团队在 2014 年提出的，被广泛应用在机器翻译、文本摘要等场景。简单来说，Seq2Seq 模型就是输入一个语言序列并输出另一个语言序列，如输入英文将其翻译为中文或输入问句输出其回答，等等。Seq2Seq 的结构如图 6-1 所示。

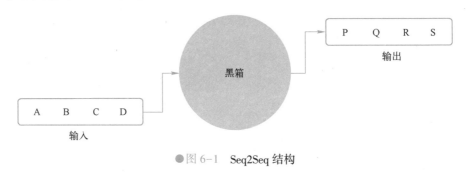

● 图 6-1 Seq2Seq 结构

## 6.1 Encoder-Decoder 结构

Seq2Seq 解决问题的主要思路是通过深度神经网络模型（常用的是 LSTM，即长短记忆网络）。将一个作为输入的序列映射为一个作为输出的序列，这一过程由编码器（Encoder）输入与解码器（Decoder）输出两个环节组成，前者负责把序列编码成一个固定长度的向量，再将这个向量作为输入传给后者，输出可变长度的向量。详细结构如图 6-2 所示。

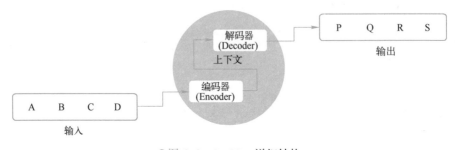

● 图 6-2 Seq2Seq 详细结构

与使用单个 RNN 的序列预测不同，其中每个输入对应一个输出，Seq2Seq 模型使我们从序列长度和顺序中解放出来，这使其成为两种语言之间转换的理想选择。

### 6.1.1 Encoder

编码器（Encoder）的组成是 RNN 结构，它将输入的句子编译成一个固定长度的上下文向量（Context Vector），并输入到 Decoder 中。假设输入序列为 $(x_1, \cdots, x_T)$，RNN 会计算

出对应隐藏层序列$(h_1, \cdots, h_T)$。可以简单地用公式表达为

$$h_t = \text{EncoderRNN}(x_t, h_{t-1})$$

其结构如图6-3所示，在每一个时刻$t$，编码器接收句子的当前词$x_t$（input）和前一隐藏层$h_{t-1}$（prev_hidden）作为输入，产生当前时刻的隐藏层$h_t$（hidden）和输出（output）。整个句子编码完毕，得到的最终隐藏层$h_T$就是用于表达整个句子的上下文向量（context vector）。

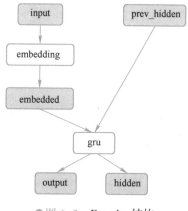

●图6-3 Encoder结构

Encoder结构在PyTorch中的代码实现如下。

```python
class EncoderRNN(nn.Module):
    def __init__(self, input_size, hidden_size):
        super(EncoderRNN, self).__init__()
        self.hidden_size = hidden_size

        self.embedding = nn.Embedding(input_size, hidden_size)
        self.gru = nn.GRU(hidden_size, hidden_size)

    def forward(self, input, hidden):
        embedded = self.embedding(input).view(1, 1, -1)
        output = embedded
        output, hidden = self.gru(output, hidden)
        return output, hidden

    def initHidden(self):
        return torch.zeros(1, 1, self.hidden_size, device=device)
```

## 6.1.2　Decoder

　　解码器（Decoder）的组成也是 RNN 结构，在简单的 Seq2Seq 解码器中，我们将编码器产生的上下文向量用作解码器的初始隐藏状态。假设输出序列为 $(y_1,\cdots,y_T)$，RNN 会计算出对应的隐藏层序列 $(s_1,\cdots,s_T)$，可以用公式表达为

$$s_t = \text{DecoderRNN}(y_t, s_{t-1})$$

　　其结构如图 6-4 所示，它的初始输入 token 是<SOS>标记，表示句子开始，而初始隐藏状态是上下文向量（即之前提到过的 context vector，它是编码器的最后隐藏状态）。在解码的每一个时刻 $t$，解码器接受当前词 $y_t$ 和前一个隐藏状态 $s_{t-1}$ 作为输入，并产生输出（out）和当前时刻的隐藏层 $s_t$，直到遇到结束标志<EOS>为止。将输出（out）通过全连接层和 softmax 函数，就可以得到当前时刻每一个词的概率，从而达到预测当前词的目的。

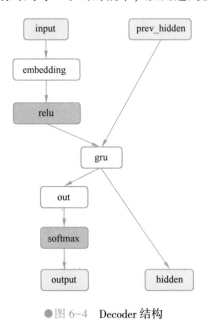

●图 6-4　Decoder 结构

　　Decoder 结构在 PyTorch 中的代码实现如下。

```python
class DecoderRNN(nn.Module):
    def __init__(self, hidden_size, output_size):
        super(DecoderRNN, self).__init__()
        self.hidden_size = hidden_size

        self.embedding = nn.Embedding(output_size, hidden_size)
        self.gru = nn.GRU(hidden_size, hidden_size)
```

```
        self.out = nn.Linear(hidden_size, output_size)
        self.softmax = nn.LogSoftmax(dim=1)

    def forward(self, input, hidden):
        output = self.embedding(input).view(1, 1, -1)
        output = F.relu(output)
        output, hidden = self.gru(output, hidden)
        output = self.softmax(self.out(output[0]))
        return output, hidden

    def initHidden(self):
        return torch.zeros(1, 1, self.hidden_size, device=device)
```

获得预测的整个句子$\hat{y_1}, \hat{y_2}, \cdots, \hat{y_T}$后，将其与目标句子$y_1, y_2, \cdots, y_T$进行比对，算出损失函数的值，并采用反向传播（back-propogation）算法来更新模型参数。

## 6.1.3    Encoder-Decoder 存在的问题

现在我们有了一个由 Encoder 和 Decoder 构建的基于神经网络的端到端（End-to-End）的模型，其中，Encoder 把输入 $x$ 编码成一个固定长度的隐向量 $z$，Decoder 基于隐向量 $z$ 解码出目标输出 $y$。这是一个非常经典的序列到序列（Seq2Seq）模型，但是却存在两个明显的问题：

1）把输入 $x$ 的所有信息压缩成一个固定长度的隐向量 $z$，忽略了输入句子的长度。当输入句子长度很长时，往往文本最初的信息会有所缺失，从而导致模型的性能急剧下降。

2）在机器翻译里，输入的句子与输出句子之间，往往是输入一个或几个词对应于输出的一个或几个词。在 Encoder-Decoder 模型中，我们对输入的每个词赋予相同的权重，这样做没有区分度，往往也会导致模型性能下降。

于是，Dzmitry Bahdanau 等人在其文章"Neural Machine Translation by Jointly Learning to Align and Translate"中提出了 Attention 机制，用于对输入 $x$ 的不同部分赋予不同的权重，进而实现软区分的目的。

## 6.2    Attention 机制

如果仅在编码器和解码器之间传递上下文向量，则该单个向量承担编码整个句子的信息。

    Attention 机制允许解码器网络针对解码器自身输出的每个步骤"聚焦"编码器输出的不同部分。首先，计算一组注意力权重，并用它们去乘以编码器的输出，然后将结果加权组合。结果中应包含有关输入序列的特定部分的信息，从而帮助解码器选择正确的输出单词。

    如图 6-5 所示，展示了由给定序列 $(x_1, \cdots, x_T)$，预测第 $y_t$ 个词的过程。

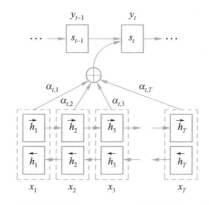

●图 6-5    由给定序列 $(x_1, x_2, \cdots, x_T)$ 预测第 $y_t$ 个词的过程

    定义条件概率：

$$P(y_t \mid y_1, \cdots, y_{t-1}, x) = g(y_{t-1}, s_t, c_t)$$

其中，$s_t$ 是 Decoder 中 RNN 在 $t$ 时刻的隐藏状态。$c_t$ 表示 $t$ 时刻的上下文向量，与传统的 Seq2Seq 模型的计算方式不同，它的计算方式为

$$c_t = \sum_{j=1}^{T_x} \alpha_{tj} h_j$$

其中，$h_j$ 表示 Encoder 端的第 $j$ 个词的隐藏层向量。$\alpha_{tj}$ 表示 Encoder 端的第 $j$ 个词和 Decoder 端当前（也就是 $t$ 时刻）词的权值，表示 Encoder 端第 $j$ 个词对 Decoder 第 $t$ 个词的影响程度，该权值的计算公式为

$$\alpha_{tj} = \frac{\exp(e_{tj})}{\sum_{k=1}^{T_x} \exp(e_{tk})}$$

其中 $e_{tj} = a(s_{t-1}, h_j)$。

    $\alpha_{tj}$ 是一个 softmax 模型输出，概率值的和为 1。$e_{tj}$ 表示一个对齐模型，用于衡量 Encoder 端的第 $j$ 个词对 Decoder 端的第 $t$ 个词的对齐程度（影响程度）。对齐模型 $e_{tj}$ 的计算方式有很多种，不同的计算方式代表不同的 Attention 模型，最简单且最常用的对齐模型是点乘矩阵，即把目标（target）端的输出隐藏状态与来源（source）端的输出隐藏状态做矩阵乘法。常见的对齐计算方式如下：

$$\text{score}(\boldsymbol{h}_t, \overline{\boldsymbol{h}}_s) = \begin{cases} \boldsymbol{h}_t^{\mathrm{T}} \overline{\boldsymbol{h}}_s, & \text{Dot product} \\ \boldsymbol{h}_t^{\mathrm{T}} \boldsymbol{W}_a \overline{\boldsymbol{h}}_s, & \text{General} \\ \boldsymbol{v}_a^{\mathrm{T}} \tanh(\boldsymbol{W}_a[\boldsymbol{h}_t; \overline{\boldsymbol{h}}_s]), & \text{Concat} \end{cases}$$

其中，$\mathrm{score}(\boldsymbol{h}_t, \overline{\boldsymbol{h}}_s)$ 表示来源端与目标端状态量的对齐程度。可见，常见的对齐关系计算方式有：点乘（Dot product）、权值网络映射（General）和 Concat 映射几种方式。

Attention 结构中计算权重系数 $\alpha_{ij}$ 的方法在 PyTorch 中的代码实现如下。

```
class Attn(nn.Module):
    def __init__(self, method, hidden_size):
        super(Attn, self).__init__()

        self.method = method
        self.hidden_size = hidden_size

        if self.method == 'general':
            self.attn = nn.Linear(self.hidden_size, hidden_size)

        elif self.method == 'concat':
            self.attn = nn.Linear(self.hidden_size * 2, hidden_size)
                        er(torch.FloatTensor(1, hidden_size))

                        ncoder_outputs):
                        ts.size(0)
                        tputs.size(1)

                        re attention energies
                        eros(batch_size, max_len)
                        ergies.to(device)

                        der outputs
                        e):
                        or each encoder output
                        en):
                        , i] = self.score(hidden[:, b], encoder_outputs
[i,

                        ergies, dim=1).unsqueeze(1)

                        oder_output):

                        eze(0).dot(encoder_output.squeeze(0))
```

```
        elif self.method == 'general':
            energy = self.attn(encoder_output)
            energy = hidden.squeeze(0).dot(energy.squeeze(0))
            return energy

        elif self.method == 'concat':
            energy = self.attn(torch.cat((hidden, encoder_output), 1))
            energy = self.v.squeeze(0).dot(energy.squeeze(0))
            return energy
```

结合 Attention 机制的 Decoder 的 PyTorch 代码实现如下：

```
class LuongAttnDecoderRNN(nn.Module):
    def __init__(self, attn_model, embedding, hidden_size, output_size, n_layers
=1, dropout=0.1):
        super(LuongAttnDecoderRNN, self).__init__()

        # Keep for reference
        self.attn_model = attn_model
        self.hidden_size = hidden_size
        self.output_size = output_size
        self.n_layers = n_layers
        self.dropout = dropout

        # Define layers
        self.embedding = embedding
        self.embedding_dropout = nn.Dropout(dropout)
        self.gru = nn.GRU(hidden_size, hidden_size, n_layers, dropout=(0 if n_
layers == 1 else dropout))
        self.concat = nn.Linear(hidden_size * 2, hidden_size)
        self.out = nn.Linear(hidden_size, output_size)
        # Choose attention model
        if attn_model != 'none':
            self.attn = Attn(attn_model, hidden_size)

    def forward(self, input_seq, last_hidden, encoder_outputs):
        # Get the embedding of the current input word (last output word)
        embedded = self.embedding(input_seq)
```

```
embedded = self.embedding_dropout(embedded)
if(embedded.size(0) != 1):
    raiseValueError('Decoder input sequence length should be 1')
# Get current hidden state from input word and last hidden state
rnn_output, hidden = self.gru(embedded, last_hidden)
# Calculate attention from current RNN state and all encoder outputs;
# apply to encoder outputs to get weighted average
attn_weights = self.attn(rnn_output, encoder_outputs)
context = attn_weights.bmm(encoder_outputs.transpose(0, 1))
#Attentional vector using the RNN hidden state and context vector
rnn_output = rnn_output.squeeze(0)
context = context.squeeze(1)
concat_input = torch.cat((rnn_output, context), 1)
concat_output = torch.tanh(self.concat(concat_input))
output = self.out(concat_output)
 # Return final output, hidden state, and attention weights (for visual-
ization)
return output, hidden, attn_weights
```

## 6.3　Seq2Seq 训练与预测

### 6.3.1　模型训练

（1）Teacher-forcing

Teacher-forcing 是 Seq2Seq 模型中一种常用的训练技巧，它与自回归（Autoregressive）模式相对应，简单来说就是在预测 $y_t$ 时，提供的是上一时刻真实值 $y_{t-1}$。而在 Autoregressive 模式下，在 $t$ 时刻，Decoder 模块输入的是上一时刻的预测值 $\hat{y}_{t-1}$。Teacher-forcing 技术之所以作为一种有用的训练技巧，主要原因如下：

1）Teacher-forcing 能够在训练的时候矫正模型的预测，避免在序列生成的过程中误差被进一步放大。

2）Teacher-forcing 能够加快模型收敛速度，令模型训练过程更加快和平稳。

用不太严谨的比喻来说，Teacher-forcing 相当于一个学生在做序列生成的题目的时候，每一步老师都告诉他正确答案。那么这个学生只需要顺着这一步的思路，计算出下一步的结果就行了。与每一步都有可能猜错相比，这种做法当然可以达到避免误差进一步放大的效果。

Teacher-forcing 最常见的问题就是曝光偏差（Exposure Bias）。也就是由于训练和预测的时候解码行为不一致（预测时并不适合用 Teacher-forcing 技巧，可以想想为什么），导致预测单词在训练和预测的时候是从不同的分布中推断出来的。而由这种不一致所导致的训练模型和预测模型的差距，称为 Exposure Bias。

除了常见的 Exposure Bias 问题之外，还有一些其他的问题：

1）Teacher-forcing 技术在解码的时候生成的字符都受到了 Ground-Truth[⊖]的约束，希望模型生成的结果都能够与参考句一一对应。一方面，这种约束在训练过程中可以减少模型发散，加快收敛速度。但是另一方面也扼杀了翻译多样性的可能。

2）Teacher-forcing 技术在这种约束下，还会导致出现一种矫枉过正（Overcorrect）的问题。例如：

① 待生成句的参考答案为 "We should comply with the rule"；

② 模型在解码阶段中途预测出来 "We should abide"；

③ Teacher-forcing 技术把第三个参考答案 "comply" 作为第④步的输入。那么模型根据以往学习的模式，有可能在第④步预测到的是 "comply with"；

④ 模型最终的生成变成 "We should abide with"；

⑤ 事实上，"abide with" 的用法是不正确的，但是由于参考答案 "comply" 的干扰，模型处于矫枉过正的状态，生成了不通顺的语句。

（2）Scheduled-sampling

Google 在 2015 年发表了一篇解决 Exposure-Bias 问题的论文，提出了 Scheduled-sampling 方案。此方案本身也很朴素，既然 Teacher-forcing 技术在训练前期确实有加速模型收敛的作用，那么在训练过程中的每一步，都有 $p$ 的概率选择使用 Teacher-forcing，有 $1-p$ 的概率选择使用 Autoregressive。在训练前期，概率 $p$ 应该尽可能大，这样才能够加速收敛；而在训练后期，$p$ 则应尽可能的小，使模型能够修复自身生成的错误。

在实际应用中，这个概率 $p$ 可以随着训练的 epoch 数进行衰减，衰减的方式有指数衰减（Exponential decay）、逆 Sigmoid 衰减（Inverse Sigmoid decay）和线性衰减（Linear decay）等，如图 6-6 所示。

值得注意的是，这里每个词的生成都要进行一次概率选择。论文中指出，如果是整句话进行选择的话，效果会相对较差。

（3）Training

简单的模型训练需要以下几个步骤：

1）将 input sentence 输入 Encoder，记录每个时刻的输出和最后一个隐藏层。

2）Decoder 的初始输入为：初始 token<SOS>、Encoder 最后一个隐藏层作为初始隐藏

---

⊖ 一般理解为真实的有效值或参考答案。——编辑注

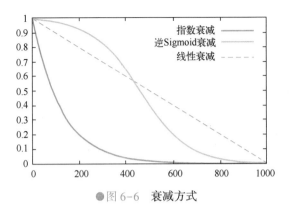

●图 6-6　衰减方式

层、Encoder 每一时刻的输出（用于上下文向量的计算）。

3）定义 Teacher-forcing 的概率。

4）Decoder 在接下来每一个时刻的输入为：上一个词的真实值或预测值、上一个隐藏层、Encoder 每一时刻的输出。

5）计算损失函数的值，并利用 Back-propagation 更新参数

下面的代码展示了一个 iteration 的训练过程。

```python
teacher_forcing_ratio = 0.5
def train(input_tensor, target_tensor, encoder, decoder, encoder_optimizer, de-
coder_optimizer, criterion, max_length=MAX_LENGTH):
    encoder_hidden = encoder.initHidden()

    encoder_optimizer.zero_grad()
    decoder_optimizer.zero_grad()

    input_length = input_tensor.size(0)
    target_length = target_tensor.size(0)

    encoder_outputs = torch.zeros(max_length, encoder.hidden_size, device=device)

    loss = 0

    for ei in range(input_length):
        encoder_output, encoder_hidden = encoder( input_tensor[ei], encoder_
hidden)
        encoder_outputs[ei] = encoder_output[0, 0]

    decoder_input = torch.tensor([[SOS_token]], device=device)
```

```
    decoder_hidden = encoder_hidden

    use_teacher_forcing = True if random.random() < teacher_forcing_ratio
else False

  if use_teacher_forcing:
      # Teacher forcing: Feed the target as the next input
      for di in range(target_length):
            decoder_output, decoder_hidden, decoder_attention = decoder
(decoder_input, decoder_hidden, encoder_outputs)
          loss += criterion(decoder_output, target_tensor[di])
          decoder_input = target_tensor[di]  # Teacher forcing

  else:
      # Without teacher forcing: use its own predictions as the next input
      for di in range(target_length):
          decoder_output, decoder_hidden, decoder_attention = decoder(
              decoder_input, decoder_hidden, encoder_outputs)
          topv, topi = decoder_output.topk(1)
          decoder_input = topi.squeeze().detach() # detach from history as input
          loss += criterion(decoder_output, target_tensor[di])
          if decoder_input.item() == EOS_token:
              break
  loss.backward()

  encoder_optimizer.step()
  decoder_optimizer.step()

  return loss.item() / target_length
```

整个训练过程如下：

1）初始化 optimizer（优化器）和损失函数；

2）选择数据对；

3）创建 array 用于记录损失函数值；

4）调用 train 函数多次（相当于训练多个 epoch）并打印出损失函数值。

其代码实现如下。

```python
def trainIters(encoder, decoder, n_iters, print_every = 1000, plot_every = 100,
learning_rate = 0.01):
    start = time.time()
    plot_losses = []
    print_loss_total = 0   # Reset every print_every
    plot_loss_total = 0   # Reset every plot_every

    encoder_optimizer = optim.SGD(encoder.parameters(), lr = learning_rate)
    decoder_optimizer = optim.SGD(decoder.parameters(), lr = learning_rate)
    training_pairs = [tensorsFromPair(random.choice(pairs))
                      for i in range(n_iters)]
    criterion = nn.NLLLoss()

    for iter in range(1, n_iters + 1):
        training_pair = training_pairs[iter - 1]
        input_tensor = training_pair[0]
        target_tensor = training_pair[1]

        loss = train(input_tensor, target_tensor, encoder,
                     decoder, encoder_optimizer, decoder_optimizer, criterion)
        print_loss_total += loss
        plot_loss_total += loss

        if iter % print_every == 0:
            print_loss_avg = print_loss_total /print_every
            print_loss_total = 0
            print('% s (% d % d% %) % .4f' % (timeSince(start, iter /n_iters),
                              iter, iter /n_iters * 100, print_loss_avg))

        if iter % plot_every == 0:
            plot_loss_avg = plot_loss_total /plot_every
            plot_losses.append(plot_loss_avg)
            plot_loss_total = 0

    showPlot(plot_losses)
```

## 6.3.2　模型预测

（1）贪婪搜索（Greedy-search）

Seq2Seq 的模型预测与训练没有过多的区别，只是在预测的过程中没有真实的词可以输入到 Decoder 中，这也就是为什么 Teacher-forcing 技巧在预测中不起作用的原因。我们将 Decoder 每一时刻预测出的词保存下来，直到预测到<EOS>为止，连成的句子就是最终的预测结果。

其 PyTorch 代码实现如下。

```python
def evaluate(encoder, decoder, sentence, max_length=MAX_LENGTH):
    with torch.no_grad():
        input_tensor =tensorFromSentence(input_lang, sentence)
        input_length = input_tensor.size()[0]
        encoder_hidden = encoder.initHidden()

        encoder_outputs = torch.zeros(max_length, encoder.hidden_size, device
=device)

        for ei in range(input_length):
            encoder_output, encoder_hidden = encoder(input_tensor[ei],
                                    encoder_hidden)
            encoder_outputs[ei] += encoder_output[0, 0]

        decoder_input = torch.tensor([[SOS_token]], device=device)  # SOS

        decoder_hidden = encoder_hidden

        decoded_words = []
        decoder_attentions = torch.zeros(max_length, max_length)

        for di in range(max_length):
            decoder_output, decoder_hidden, decoder_attention = decoder(
                decoder_input, decoder_hidden, encoder_outputs)
            decoder_attentions[di] = decoder_attention.data
            topv, topi = decoder_output.data.topk(1)
```

```
            if topi.item() = = EOS_token:
                decoded_words.append('<EOS>')
                break
            else:
                decoded_words.append(output_lang.index2word[topi.item()])

        decoder_input = topi.squeeze().detach()

    return decoded_words, decoder_attentions[:di + 1]
```

以机器翻译举例，在得到训练模型之后，我们希望能够得到概率最大的句子序列，一种很直观的方法是采用贪婪搜索（Greedy-search），也就是在生成第一个词的分布之后，根据条件语言模型挑选出最有可能的第一个词 $y_1$，然后生成第二个词的概率分布并以最大概率挑选第二个词 $y_2$，依此类推。可以看出贪心算法始终是选择每一个最大概率的词，但我们真正需要的是一次性挑选整个单词序列 $y_1, y_2, \cdots, y_T$，使得整体的条件概率最大，而贪婪搜索并不能保证这一点。

> 法语句子——Jane visite l'Afrique en septembre.
> 翻译 1——Jane is visiting Africa in september.
> 翻译 2——Jane is going to be visiting Africa in september.

在上面的例子里，翻译 1 显然比翻译 2 要更好，表达的意思更加简洁。如果贪婪搜索算法挑选了('Jane', 'is')，在一般英文语料库中"is going"比"is visiting"更加常见，在选择 $y_3$ 时就可能会得到"going"，于是对于法语句子来说"Jane is going"相比"Jane is visiting"会有更高的概率作为翻译。以此类推，我们最终会得到一个欠佳的句子。

（2）集束搜索（Beam-search）

在集束搜索（Beam-search）中只有一个参数 B，叫作集束宽（beam width），用来表示每一次挑选前 B 个的结果。我们用上面的例子来做说明，假设字典大小为 10000，B＝3。

在第一步的时候，通过模型计算得到 $y_1$ 的分布概率，选择前 B 个作为候选结果，假如这里前三个结果为"in""Jane""september"。

第二步的时候，我们已经选择出了"in""Jane""september"作为第一个单词的三种最可能的选择，Beam-search 算法针对每个第一个单词考虑第二个单词的概率：这样就计算得到了 $B \times 10000 = 30000$ 个选择，仍然选择前 3 个，比如得到的结果是"in september""jane is""jane visits"。

这样我们就找到了第一个和第二个单词对最可能的三种选择，这也意味着我们去掉了将"september"作为英语翻译结果第一个单词的选择。

接下来同理，每次增加一个单词作为输入，这样最终会找到"Jane visits Africa in september"这个句子,终止在句尾符号。

当集束宽为 3 时,集束搜索一次只考虑 3 个可能结果。注意如果集束宽等于 1,则只考虑 1 种可能结果,这样实际上就变成贪婪搜索算法,上面里我们已经讨论过了。但是如果同时考虑多个,可能的结果比如是 3 个、10 个或者其他的个数,集束搜索通常会找到比贪婪搜索更好的输出结果。当然,集束宽越大,算法的复杂度也会越大,需要调整集束宽,使模型在预测的精度和效率中取得一个平衡。

下面是 Beam-search 算法在 PyTorch 中的部分实现。

```python
class Node(object):
    def __init__(self, hidden, previous_node, decoder_input, attn, log_prob,
length):
        self.hidden = hidden
        self.previous_node = previous_node
        self.decoder_input = decoder_input
        self.attn = attn
        self.log_prob = log_prob
        self.length = length
def beam_search(beam_width):
    ...
    root = Node(hidden, None, decoder_input, None, 0, 1)
    q = Queue()
    q.put(node)
    end_nodes = [] #最终节点的位置,用于回溯
    while not q.empty():
        candidates = []   #每一层的可能被拓展的节点,只需选取每个父节点的子节点中概率最
大的 k 个即可
        for _ in range(q.qsize()):
            node = q.get()
            decoder_input = node.decoder_input
            hidden = node.hidden
            #搜索终止条件
            if decoder_input.item() == EOS or node.length >= 50:
                end_nodes.append(node)
                continue
            log_prob, hidden, attn = decoder(decoder_input, hidden, encoder_in-
put)
```

```
                log_prob, indices = log_prob.topk(beam_width) #选取某个父节点的子节点
中概率最大的 k 个
                for k in range(beam_width):
                        index = indices[k].unsqueeze(0)
                        log_p = log_prob[k].item()
                        child = Node(hidden, node, index, attn, node.log_prob + log_p,
node.length + 1)
                        candidates.append((node.log_prob + log_p, child))   #建立候选子
节点,注意这里概率需要累计
            candidates = sorted(candidates, key=lambda x:x[0], reverse=True) #候选
节点排序
            length = min(len(candidates), beam_width)   #取前 k 个,如果不足 k 个,则全部
入选
for i in range(length):
                    q.put(candidates[i][1])
        #后面是回溯, 省略
            ...
```

## 6.3.3　BLEU 模型评估法

BLEU 的全称为 Bilingual Evaluation Understudy，意为双语评估研究，是衡量一个有多个正确输出结果的模型的精确度的评估指标。BLEU 的设计思想与评判机器翻译好坏的思想是一致的：机器翻译结果越接近专业人工翻译的结果，则越好。BLEU 算法实际上就是判断两个句子的相似程度。想知道一个句子翻译前后的意思是否一致，就拿这个句子的标准人工翻译与机器翻译的结果进行比较，如果它们是很相似的，说明翻译很成功。下面详细介绍一下 BLEU 算法：

（1）n-gram

BLEU 采用一种 n-gram 的匹配规则，原理比较简单，就是比较译文和参考译文之间 n 组词的相似的一个占比。

例如，原文：今天天气不错；机器译文：It is a nice day today；人工译文：Today is a nice day。

如果用 1-gram 匹配的话：

$$占比=命中数（count）/译文 n-gram 个数=5/6$$

其中，命中的 1-gram 分别为 is，a，nice，day，today。

我们再以 3-gram 举例：

$$占比 = 命中数（count）/译文 \ n\text{-}gram \ 个数 = 2/4$$

可以看到机器译文可以分为四个 3-gram 的词组，其中命中的 3-gram 分别为 is a nice，a nice day。

依此类推，我们可以很容易实现一个程序来遍历计算 n-gram 的一个匹配度。一般来说 1-gram 的结果代表文中有多少个词被单独翻译出来了，因此它反映的是这篇译文的忠实度；而当我们计算 2-gram 以上时，更多时候结果反映的是译文的流畅度，值越高文章的可读性就越好。

（2）召回率

上面所说的方法比较好理解，也比较好实现，但是没有考虑到召回率，举一个非常简单的例子说明。原文：猫站在地上；机器译文：the the the the；人工译文：The cat is standing on the ground。

在计算 1-gram 占比的时候，the 都出现在译文中，因此匹配度为 4/4，但是很明显 the 在人工译文中最多出现的次数只有 2 次，因此 BLEU 算法修正了这个值的算法，首先会计算该 n-gram 在译文中可能出现的最大次数：

$$count_{clip} = min(count, Max\_Ref\_Count)$$

其中，count 是 n-gram 在机器翻译译文中出现的次数；Max_Ref_Count 是该 n-gram 在一个参考译文中出现的最大次数，最终统计结果取两者中的较小值。然后，再把这个匹配结果除以机器翻译译文的 n-gram 个数。因此，对于上面的例子来说，修正后的 1-gram 的统计结果就是 2/4。

我们将整个要处理的机器翻译的句子表示为 $c_i$，标准答案表示为 $s_i = s_{i1}, \cdots, s_{im}$（$m$ 表示有 $m$ 个参考答案）

n-gram 表示 n 个单词长度的词组集合，令 $w_k$ 表示第 $k$ 个 n-gram；$h_k(c_i)$ 表示 $w_k$ 在翻译译文 $c_i$ 中出现的次数；$h_k(s_{ij})$ 表示 $w_k$ 在标准答案 $s_{ij}$ 中出现的次数。

各阶 n-gram 的精度都可以按照下面这个公式计算：

$$P_n = \frac{\sum_i \sum_k min(h_k(c_i), \max_{j \in m} h_k(s_{ij}))}{\sum_i \sum_k min(h_k(c_i))}$$

其中，$\max\limits_{j \in m} h_k(s_{ij})$ 表示某 n-gram 在多条标准答案中出现最多的次数；$\sum_i \sum_k min(h_k(c_i),$ $\max\limits_{j \in m} h_k(s_{ij}))$ 表示取 n-gram 在翻译译文和标准答案中出现的最小次数。

（3）惩罚因子

上面的算法已经足以进行有效的翻译评估了，然而 n-gram 的匹配度可能会随着句子长度的变短而变好，因此会存在这样一个问题：一个翻译引擎只翻译出了句子中的部分句子且翻译得比较准确，那么它的匹配度依然会很高。为了避免这种评分的偏向性，BLEU 算法在最后的评分结果中引入了长度惩罚因子（Brevity Penalty），它的计算公式如下：

$$BP = \begin{cases} 1, & l_c > l_s \\ e^{1-l_s/l_c}, & l_c \le l_s \end{cases}$$

其中，$l_c$ 代表表示机器翻译译文的长度；$l_s$ 表示参考答案的有效长度。当存在多个参考译文时，选取和翻译译文最接近的长度。当翻译译文长度大于参考译文的长度时，惩罚系数为 1，意味着不惩罚。只有机器翻译译文长度小于参考答案才会计算惩罚因子。

（4）BLEU

由于各 n-gram 统计量的精度随着阶数的升高而呈指数形式递减，所以为了平衡各阶统计量的作用，对其采用几何平均形式求平均值然后加权，再乘以长度惩罚因子，得到最后的评价公式：

$$BLEU = BP \times \exp\left(\sum_{n=1}^{N} W_n \log P_n\right)$$

BLEU 算法的原型系统采用的是均匀加权，即 $W_n = 1/N$。$N$ 的上限取值为 4，即最多只统计4-gram的精度。

（5）实例

假设译文为：Going to play basketball this afternoon?

参考答案为：Going to play basketball in the afternoon?

可以看出译文的 1-gram 长度是 7，参考答案的 1-gram 长度是 8。

先看 1-gram，除了 this 这个单词没有命中，其他都命中了，因此：

$$P_1 = 6/7 = 0.85714$$

其他 gram 以此类推：

$$P_2 = 4/6 = 0.6666$$
$$P_3 = 2/5 = 0.4$$
$$P_4 = 1/4 = 0.25$$

计算 $\log P_n$，得 $\sum_{i=1}^{4} \log P_n = -2.8622$，再乘以 $W_n$（也就是除以 4），得 $-0.7156$，$BP = e^{1-8/7} \approx 0.867$。因此

$$BLEU = 0.867 \times e^{(\log P_1 + \log P_2 + \log P_3 + \log P_4)/4} = 0.867 \times 0.4889 = 0.4238$$

## 6.4 代码实战：应用 PyTorch 搭建机器翻译模型

本节我们将搭建一个机器翻译模型，实现法语到英语的翻译。

```
[KEY: > input, = target, < output]


> il est en train depeindre un tableau .
```

```
= he is painting a picture .
< he is painting a picture .

>pourquoi ne pas essayer ce vin delicieux ?
= why not try that delicious wine ?
< why not try that delicious wine ?

>elle n est pas poete mais romanciere .
= she is not a poet but a novelist .
< she not not a poet but a novelist .

>vous etes trop maigre .
= you re too skinny .
< you re all alone .
```

首先，我们需要载入需要的包，并指定用 cpu 或 gpu 训练：

```
from __future__ import unicode_literals, print_function, division
from io import open
import unicodedata
import string
import re
import random
import torch
import torch.nn as nn
from torch importoptim
import torch.nn.functional as F

device = torch.device("cuda" if torch.cuda.is_available() else "cpu")
```

以 tab 分隔的英语–法语句子对。

```
I am cold.    J'aifroid.
```

我们需要将每一个词对应上其独特的 index，这里我们建立一个类，其中包括 index 到词和词到 index 的一一对应字典，并对每个词进行计数，以便于去除较为稀有的词：

```
SOS_token = 0
EOS_token = 1
```

```python
class Lang:
    def __init__(self, name):
        self.name = name
        self.word2index = {}
        self.word2count = {}
        self.index2word = {0: "SOS", 1: "EOS"}
        self.n_words = 2   # Count SOS and EOS

    def addSentence(self, sentence):
        for word in sentence.split(' '):
            self.addWord(word)

    def addWord(self, word):
        if word not in self.word2index:
            self.word2index[word] = self.n_words
            self.word2count[word] = 1
            self.index2word[self.n_words] = word
            self.n_words += 1
        else:
            self.word2count[word] += 1
```

对翻译前后的语言我们都需要建立上述类，我们的文件是英语–法语的，如果需要法语–英语对，只要将下面代码中的"reverse"设置为"True"。

```python
def readLangs(lang1, lang2, reverse=False):
    print("Reading lines...")

    # Read the file and split into lines
    lines = open('data/%s-%s.txt' % (lang1, lang2), encoding='utf-8'). \
        read().strip().split('\n')

    # Split every line into pairs and normalize
    pairs = [[normalizeString(s) for s in l.split('\t')] for l in lines]

    # Reverse pairs, make Lang instances
    if reverse:
        pairs = [list(reversed(p)) for p in pairs]
        input_lang = Lang(lang2)
```

```
            output_lang = Lang(lang1)
        else:
            input_lang = Lang(lang1)
            output_lang = Lang(lang2)


        return input_lang, output_lang, pairs
```

这里我们把句子长度限制为 10，只保留相对简单的句子。

```
MAX_LENGTH = 10

eng_prefixes = (
    "i am ", "i m ",
    "he is", "he s ",
    "she is", "she s ",
    "you are", "you re ",
    "we are", "we re ",
    "they are", "they re "
)


def filterPair(p):
    return len(p[0].split(' ')) < MAX_LENGTH and \
        len(p[1].split(' ')) < MAX_LENGTH and \
        p[1].startswith(eng_prefixes)


def filterPairs(pairs):
    return [pair for pair in pairs if filterPair(pair)]
```

现在我们就可以准备数据了，可以分为以下几步：①将文件读取成数据对；②对文本进行规范处理，限制句子长度；③分别对两种语言建立词汇表。

```
def prepareData(lang1, lang2, reverse=False):
    input_lang, output_lang, pairs = readLangs(lang1, lang2, reverse)
    print("Read % s sentence pairs" % len(pairs))
    pairs = filterPairs(pairs)
    print("Trimmed to % s sentence pairs" % len(pairs))
    print("Counting words...")
    for pair in pairs:
```

```
        input_lang.addSentence(pair[0])
        output_lang.addSentence(pair[1])
    print("Counted words:")
    print(input_lang.name, input_lang.n_words)
    print(output_lang.name, output_lang.n_words)
    return input_lang, output_lang, pairs


input_lang, output_lang, pairs =prepareData('eng', 'fra', True)
print(random.choice(pairs))
```

输出如下，可以看到我们读入 135842 条句子对，根据长度筛选后剩 10599 条。建立词汇表后法语共 4345 个词，英语共 2803 个词。

```
Reading lines...
Read 135842 sentence pairs
Trimmed to 10599 sentence pairs
Counting words...
Counted words:
fra 4345
eng 2803
['vous etes matinale .', 'you re early .']
```

模型仅接受张量输入，因此这里我们将输入句子转化为张量。注意在输入句和输出句的末尾都要加入"EOS_token"（所对应的 index）。

```
def indexesFromSentence(lang, sentence):
    return [lang.word2index[word] for word in sentence.split(' ')]


def tensorFromSentence(lang, sentence):
    indexes =indexesFromSentence(lang, sentence)
    indexes.append(EOS_token)
    return torch.tensor(indexes,dtype=torch.long, device=device).view(-1, 1)


def tensorsFromPair(pair):
    input_tensor =tensorFromSentence(input_lang, pair[0])
    target_tensor =tensorFromSentence(output_lang, pair[1])
    return (input_tensor, target_tensor)
```

接下来就可以训练了，这里假设将隐藏层的大小统一为 256，训练 75000 个 iteration，每5000个打印一次损失函数值（loss）：

```
hidden_size = 256
encoder1 = EncoderRNN(input_lang.n_words, hidden_size).to(device)
attn_decoder1 = AttnDecoderRNN(hidden_size, output_lang.n_words, dropout_p =
0.1).to(device)

trainIters(encoder1, attn_decoder1, 75000, print_every = 5000)
```

可以看出损失函数值（loss）随着训练稳步下降：

```
1m 53s (- 26m 28s) (5000 6%) 2.8437
3m 41s (- 23m 57s) (10000 13%) 2.2874
5m 30s (- 22m 0s) (15000 20%) 1.9736
7m 19s (- 20m 9s) (20000 26%) 1.7552
9m 8s (- 18m 17s) (25000 33%) 1.5283
10m 59s (- 16m 29s) (30000 40%) 1.3759
12m 49s (- 14m 39s) (35000 46%) 1.2308
14m 38s (- 12m 48s) (40000 53%) 1.1152
16m 29s (- 10m 59s) (45000 60%) 1.0170
18m 18s (- 9m 9s) (50000 66%) 0.9240
20m 9s (- 7m 19s) (55000 73%) 0.8425
21m 59s (- 5m 29s) (60000 80%) 0.7606
23m 50s (- 3m 40s) (65000 86%) 0.6735
25m 39s (- 1m 49s) (70000 93%) 0.6368
27m 28s (- 0m 0s) (75000 100%) 0.6020
```

仅仅看观察损失函数值（loss）还不够直观，我们可以试着看看翻译结果：

```
def evaluateRandomly(encoder, decoder, n = 10):
    for i in range(n):
        pair = random.choice(pairs)
        print('>', pair[0])
        print('=', pair[1])
        output_words, attentions = evaluate(encoder, decoder, pair[0])
        output_sentence = ' '.join(output_words)
        print('<', output_sentence)
        print('')
```

```
evaluateRandomly(encoder1, attn_decoder1)
```

从下面的结果可以看出大部分的翻译都还不错，剩下的工作就是优化提升了。

```
> ilssont dans le laboratoire de sciences .
= they re in the science lab .
< they re in the garden s . <EOS>


>cela me depasse completement .
= i m in way over my head .
< i m getting closer . <EOS>


> nous nesommes pas maries .
= wearen t married .
< wearen t married . <EOS>


> noussommes contents que vous soyez la .
= we re glad you re here .
< we re glad you re here . <EOS>


>vous etes parfois si pueriles .
= you are so childish sometimes .
< you are so childish sometimes . <EOS>


> tuplaisantes !
= you re joking !
< you re joking ! <EOS>


> jevais demenager le mois prochain .
= i m going to move next month .
< i m going to play next month . <EOS>


> je ne suis pas presentable .
= i m not presentable .
< i m not available . <EOS>


> jeprends francais l annee prochaine .
```

```
= i am taking french next year .
< i m taking a next week . <EOS>


> je suis unnouvel etudiant .
= i m a new student .
< i am a new student . <EOS>
```

# 第7章

# 大规模预训练模型

## 7.1 ELMo

ELMo（Embeddings from Language Models）是 Matthew E. Peters 等人在其论文"Deep contextualized word representations"（以下简称论文）中提出的无监督双向语言模型。在 ELMo 模型中，每一个词的表征都是整个输入语句的函数。具体做法就是先在大语料上以语言模型为目标训练出双向 LSTM 模型（Bi-LSTM），然后利用 LSTM 产生词语的表征，ELMo 就是因此而得名。

### 7.1.1 模型结构

（1）双向语言模型（Bi-directional Language Model，biLM）

ELMo 的词向量是在双层双向语言模型上计算的。该模型由两层叠在一起，每层都有前向（Forward Pass）和后向（Backward Pass）两种迭代。

如图 7-1 所示，ELMo 的输入为句子中每个单词的词嵌入（Word Embedding），换句话说，它可以是预训练好的 embedding，也可以是采用字符卷积得到的 embedding 表示。

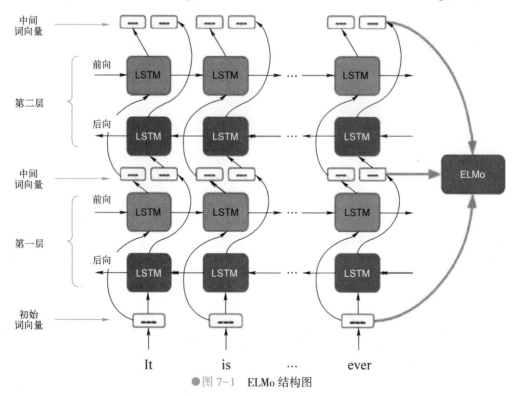

●图 7-1　ELMo 结构图

给定一个长度为 $N$ 的序列 $t_1, t_2, \cdots, t_N$，对于每个 token $t_k$，以及它的历史 token 序列 $t_1$, $t_2, \cdots, t_{k-1}$。

对于前向 LSTM，整体序列的概率可以用给定历史 $(t_1, \cdots, t_{k-1})$ 后，$t_k$ 的概率来计算：

$$P_{\text{fwd}}(t_1, t_2, \cdots, t_N) = \prod_{k=1}^{N} P(t_k \mid t_1, t_2, \cdots, t_{k-1})$$

对于后向 LSTM，其计算方式与前向 LSTM 类似，只不过将序列翻转，给定未来的序列 $(t_{k+1}, \cdots, t_N)$ 后，$t_k$ 的概率来计算：

$$P_{\text{bwd}}(t_1, t_2, \cdots, t_N) = \prod_{k=1}^{N} P(t_k \mid t_{k+1}, t_{k+2}, \cdots, t_N)$$

Bi-LSTM 语言模型综合了上述前向和后向的语言模型，其损失函数是最大化前向和后向的对数似然函数，也就是

$$\sum_{k=1}^{N} \left[ \log P(t_k \mid t_1, \cdots, t_{k-1}; \Theta_x, \overrightarrow{\Theta}_{LSTM}, \Theta_s) + \log P(t_k \mid t_{k+1}, \cdots, t_N; \Theta_x, \overleftarrow{\Theta}_{LSTM}, \Theta_s) \right]$$

其中，$\Theta_x$ 指的是 embedding 层的参数；$\Theta_s$ 是 softmax 层的参数；而 $\overrightarrow{\Theta}_{LSTM}$ 和 $\overleftarrow{\Theta}_{LSTM}$ 指的是 LSTM 的模型参数。

（2）ELMo

对于每个 token $t_k$，一个 $L$ 层的 biLM 可以计算出 $2L+1$ 个词向量表示：

$$R_k = \{ \boldsymbol{x}_k^{LM}, \overrightarrow{\boldsymbol{h}}_{k,j}^{LM}, \overleftarrow{\boldsymbol{h}}_{k,j}^{LM} \mid j = 1, \cdots, L \}$$
$$= \{ \boldsymbol{h}_{k,j}^{LM} \mid j = 0, \cdots, L \}$$

其中，$\boldsymbol{h}_{k,0}^{LM}$ 是 token embedding 层，每一层的 $\boldsymbol{h}_{k,j}^{LM} = [\overrightarrow{\boldsymbol{h}}_{k,j}^{LM}, \overleftarrow{\boldsymbol{h}}_{k,j}^{LM}]$。

在下游的任务中，ELMo 把所有层的 $R$ 压缩成一个单独的向量：

$$\boldsymbol{ELMo}_k = E(R_k; \Theta_e)$$

在最简单的情况下，我们可以仅仅使用最上面的一层，也就是 $E(R_k) = \boldsymbol{h}_{k,L}^{LM}$。更好的方式是将所有表示都利用起来，并给它们分配权重，即：

$$\boldsymbol{ELMo}_k^{task} = E(R_k; \Theta^{task}) = \gamma^{task} \sum_{j=0}^{L} s_j^{task} \boldsymbol{h}_{k,j}^{LM},$$

$$s_j^{task} = \frac{e^{s_j}}{\sum_i^N e^{s_i}}$$

其中，$s^{task}$ 是经过 softmax 函数归一化之后的权重；标量参数 $\gamma^{task}$ 允许任务模型缩放整个 ELMo 向量。

## 7.1.2　模型效果

（1）总体效果

论文中提供了 ELMo 在以下 6 项任务（QA 任务、命名实体识别任务、情感分类任务

等）上的表现，对比 ELMo 以前的 SOTA 结果，均有所提升，如表 7-1 所示。

表 7-1　ELMo 相关结果（一）

| 任务 | 之前的 SOTA 结果 | | OUR BASELINE[1] | ELMo+BASELINE[2] | 增长率（绝对/相对） |
| --- | --- | --- | --- | --- | --- |
| SQuAD | Liu et al.（2017） | 84.4 | 81.1 | 85.8 | 4.7/24.9% |
| SNLI | Chen et al.（2017） | 88.6 | 88.0 | 88.7±0.17 | 0.7/5.8% |
| SRL | He et al.（2017） | 81.7 | 81.4 | 84.6 | 3.2/17.2% |
| Coref | Lee et al.（2017） | 67.2 | 67.2 | 70.4 | 3.2/9.8% |
| NER | Peters et al.（2017） | 91.93±0.19 | 90.15 | 92.22±0.10 | 2.06/21% |
| SST-5 | MoCann et al.（2017） | 53.7 | 51.4 | 54.7±0.5 | 3.3/6.8% |

① OUR BASELINE 在论文中有详细介绍，它指的是作者选定的某些已有的模型。
② ELMo+BASELINE 指的是把 ELMo 的 word representation 作为输入提供给选定的模型，这样可以清楚地比较出使用和不使用 ELMo 词嵌入时的效果。

（2）Embedding 叠加的效果

通过 ELMo 模型，句子中的每个单词都能得到对应的三个 embedding：最底层是单词的 Word embedding；往上走是第一层双向 LSTM 中对应单词位置的 embedding，这层编码单词的句法信息更多一些；再往上走是第二层 LSTM 中对应单词位置的 embedding，这层编码单词的语义信息更多一些。

论文中还比较了叠加多层 embedding 和仅使用最后一层的效果，结果如表 7-2 所示。

表 7-2　ELMo 相关结果（二）

| 任务 | BASELINE | 仅使用最后一层 | 所有层 | |
| --- | --- | --- | --- | --- |
| | | | $\lambda = 1$ | $\lambda = 0.001$ |
| SQuAD | 80.8 | 84.7 | 85.0 | 85.2 |
| SNLI | 88.1 | 89.1 | 89.3 | 89.5 |
| SRL | 81.6 | 84.1 | 84.6 | 84.8 |

由表 7-2 可以看出，仅使用最后一层 embedding 虽然比 BASELINE 效果好很多，但分数并没有叠加使用 embedding 高。表 7-2 中的最后一列代表的是使用了正则的效果，说明适合的正则约束对模型效果有正面影响。

（3）双向语言模型（biLM）捕捉到的词语信息

在完成 ELMo 的第一阶段训练之后，将句子输入模型中并在线提取各层 embedding 的时候，每个单词（token）都会对应两边 LSTM 网络的对应节点，由那两个节点得到的 embedding 是动态改变的，会受到上下文单词的影响。周围单词的上下文不同，应该会强化某种语义，弱化其他语义，这样就达到区分多义词的效果了。需要注意的是，第一个单词和最后一个单词也是有上下文的，譬如说第一个单词的上文是一个特殊的 token <SOS>，下文是除第一个单词外的所有单词；最后一个单词的下文是一个特殊的 token <EOS>，上文是除最后一个单词外的所有单词。

ELMo 提升了模型的效果，这说明它产生的词向量（word vectors）捕捉到其他的词向量所没有的信息。直观上来讲，biLM 一定能够根据上下文（context）区别词语的用法。论文中也比较了 GloVe 和 biLM 在 "play" 这个多义词上的解释，如表 7-3 所示。

表 7-3　多义词上的解释

| | 原　词 | 邻　近　词 |
|---|---|---|
| GloVe | play | playing，game，games，played，players，plays，player，Play，football，multiplayer |
| biLM | Chico Ruiz made a spectacular play on Alusik's grounder {…} | Kieffer, the only junior in the group, was commended for his ability to hit in the clutch, as well as his all-round excellent play. |
| | Olivia De Havilland signed to do a Broadway play for Garson {…} | {…} they were actors who had been handed fat roles in a successful play, and had talent enough to fill the roles competently, with nice understatement. |

对于 GloVe 训练出的 word embedding 来说，根据多义词（比如 "play"）的 embedding 找出的最接近的其他单词大多数集中在体育领域，这很明显是因为训练数据中所包含 "play" 的句子里体育领域的数量明显占优而导致的；而对于 ELMo 来说，根据上下文动态调整后的 embedding 不仅能够找出对应的与 "演出" 具有相同语义的句子，而且还可以保证所找出的句子中的 "play" 对应的词性也是相同的。

## 7.1.3　ELMo 的优点

ELMo 利用了深度上下文单词表征，通过引入两个单向语言模型的方式引入了双向语言模型，并通过保存预训练好的两层 Bi-LSTM，将特征集成或微调（Fine-tuning）应用到下游任务中。通过这种结构，ELMo 能够达到区分多义词的效果，每个 token 不再是只有一个上下文无关的 embedding 表示。

那么 ELMo 为什么有效呢？首先，ELMo 假设一个词的词向量不应该是固定的，所以在多义词区分方面 ELMo 的效果比 word2vec、fasttext 等要好。其次，ELMo 通过语言模型训练出的词向量是通过特定上下文的 "传递" 而来，再根据下游任务，对原本上下文无关的词向量以及上下文相关的词向量表示引入一个权重，这样既在原来的词向量中引入了上下文的信息，又能根据下游任务适时调整各部分的权重（权重是在网络中学习得来的），因此这也是 ELMo 有效的一个原因。

## 7.1.4　利用 ELMo+CNN 进行分类的示例

ELMo 模型一般使用 AllenNLP 提供的应用程序接口进行调用，下面代码展示了如何结合 TextCNN 和 ELMo 生成的 embedding 构建模型：

```python
from allennlp.modules.elmo import Elmo, batch_to_ids
import torch
import torch.nn as nn
import torch.nn.functional as F
import numpy as np


class TextCNN(nn.Module):
    def __init__(self, opt):

        super(TextCNN, self).__init__()
        self.opt = opt
        self.use_gpu = self.opt.use_gpu

        if self.opt.emb_method == 'elmo':
            self.init_elmo()
        elif self.opt.emb_method == 'glove':
            self.init_glove()
        elif self.opt.emb_method == 'elmo_glove':
            self.init_elmo()
            self.init_glove()
            self.word_dim = self.opt.elmo_dim + self.opt.glove_dim

        self.cnns = nn.ModuleList([nn.Conv2d(1, self.opt.num_filters, (i,
self.word_dim)) for i in self.opt.k])
        for cnn in self.cnns:
            nn.init.xavier_normal_(cnn.weight)
            nn.init.constant_(cnn.bias, 0.)
        self.linear = nn.Linear(self.opt.num_filters * len(self.opt.k), self.
opt.num_labels)
        nn.init.xavier_uniform_(self.linear.weight)
        nn.init.constant_(self.linear.bias, 0)
        self.dropout = nn.Dropout(self.opt.dropout)

    def init_elmo(self):
        """
        initilize the ELMo model
        """
```

```python
        self.elmo = Elmo(self.opt.elmo_options_file, self.opt.elmo_weight_
file, 1)
        self.word_dim = self.opt.elmo_dim


    def get_elmo(self, sentence_lists):
        """
        get theELMo word embedding vectors for a sentences
        """
        character_ids = batch_to_ids(sentence_lists)
        if self.opt.use_gpu:
            character_ids = character_ids.to(self.opt.device)
            embeddings = self.elmo(character_ids)
        return embeddings['elmo_representations'][0]


    def forward(self, x):
        if self.opt.emb_method == 'elmo':
            word_embs = self.get_elmo(x)
        elif self.opt.emb_method == 'glove':
            word_embs = self.get_glove(x)
        elif self.opt.emb_method == 'elmo_glove':
            glove = self.get_glove(x)
            elmo = self.get_elmo(x)
            word_embs = torch.cat([elmo, glove], -1)

        x = word_embs.unsqueeze(1)
        x = [F.relu(cnn(x)).squeeze(3) for cnn in self.cnns]
        x = [F.max_pool1d(i, i.size(2)).squeeze(2) for i in x]
        x = torch.cat(x, 1)
        x = self.dropout(x)
        x = self.linear(x)
        return x
```

## 7.2　Transformer

众所周知，循环神经网络（RNN）由于结构上的天生弱势，没有办法利用并行计算的优势来解决问题，所以一个既能够并行计算，又可以利用 Python 高效矩阵运算库的模型结构必将会占据一席之地。Transformer 模型就可以满足上述的要求，并且它充分利用了可以并行计算的优势，使得网络层数适当增加，以此提升了模型整体的优势。这样的模型可以使其计算能够更快地收敛，结果更加准确。

随着 2018 年出现的 BERT 和后续的继承者们席卷了各种 NLP 任务，它们的基础结构 Transformer 也跟着大放异彩，并取得了很多出色的成绩。

Transformer 本身还是一个典型的 Encoder-Decoder 模型，如图 7-2 所示。如果从模型层面来看，Transformer 实际上就像一个带有 Attention 的 Seq2Seq 模型。图 7-2 为模型总览，它主要由两部分组成，左边是 Encoder（编码器），右边是 Decoder（解码器），通过这样的结构就可以完成一项完整的 NLP 任务。

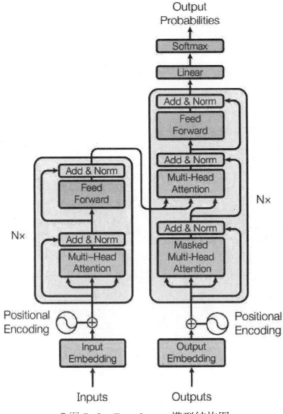

●图 7-2　Transformer 模型结构图

图中词语翻译对照表

| Output Probabilities | 输出概率值 | Positional Encoding | 位置编码 |
| --- | --- | --- | --- |
| Linear | 线性变换 | Output Embedding | 输出嵌入 |
| Add&Norm | 求和与归一化 | Input Embedding | 输入嵌入 |
| Feed Forward | 前馈神经网络 | Inputs | 输入 |
| Multi-Head Attention | 多头注意力 | Outputs | 输出 |
| Masked Multi-Head Attention | 掩码的多头注意力 | | |

## 7.2.1　Encoder 端及 Decoder 端总览

（1）Encoder 端

Encoder 端由 $N$ 个相同的大模块（这里取为 6）堆叠而成，其中每个大模块又由两个子模块构成，这两个子模块分别为多头 Self-Attention（自注意力）模块和前馈神经网络模块。

Encoder 端每个大模块接收的输入是不一样的，第一个大模块（最下端的那个）接收的输入是输入序列的 embedding，其余大模块接收的是其前一个大模块的输出，最后一个模块的输出作为整个 Encoder 端的输出。

（2）Decoder 端

Decoder 端同样由 $N$ 个相同的大模块（这里取为 6）堆叠而成，其中每个大模块又由三个子模块构成，这三个子模块分别为多头 Self-Attention 模块、多头 Encoder-Decoder attention 交互模块、前馈神经网络模块。

同样地，Decoder 端每个大模块接收的输入也是不一样的，其中第一个大模块（最下端的模块）训练时和测试时所接收的输入是不一样的，并且每次训练时所接收的输入也有可能是不一样的（也就是模型总览图示中的 "shifted right"，后续会解释这一限制），其余大模块接收的同样是其前一个大模块的输出，最后一个模块的输出作为整个 Decoder 端的输出。

对于第一个大模块，简而言之，其训练及测试时接收的输入如下：

训练的时候每次的输入为上次的输入加上输入序列向后移一位的 Ground-Truth（例如每向后移一位就是一个新的单词，那么则加上其对应的 embedding）。特别地，当 Decoder 的时间步长（time step）为 1 时（也就是第一次接收输入），其输入为一个特殊的 token，可能是目标序列开始的 token，也可能是源序列结尾的 token，还可能是其他视任务而定的输入，等等，不同源码中可能有微小的差异，其目标则是预测下一个位置的单词（token）是什么，对应到 time step 为 1 时，则是预测目标序列的第一个单词（token）是什么，以此类推。

这里需要注意的是，在实际中可能不会这样每次动态输入，而是一次性把目标序列的 embedding 全部输入到第一个大模块中，然后在多头 Self-Attention 模块对序列进行掩码（mask）操作即可。

而在测试的时候，一般是先生成第一个位置的输出，然后有了这个位置的输出之后，第二次预测时，再将其加入输入序列，以此类推，直至预测结束。

## 7.2.2　Encoder 端各个子模块

（1）Self-Attention

Self-Attention 在整个 Transformer 结构中是最重要的基本结构单元，整个计算过程围绕着一个公式展开。

$$Attention(\boldsymbol{Q}, \boldsymbol{K}, \boldsymbol{V}) = \text{softmax}\left(\frac{\boldsymbol{Q}\boldsymbol{K}^{\mathrm{T}}}{\sqrt{d_k}}\right)\boldsymbol{V}$$

其中，$\boldsymbol{K}$、$\boldsymbol{Q}$、$\boldsymbol{V}$ 三个向量是在训练过程中通过 token 的 embedding 与三个不同的权重矩阵分别相乘得到的，通过 Self-Attention 的计算过程后完成如图 7-3 所示的结构（后面会详细介绍）。

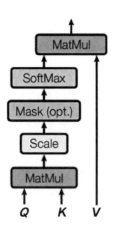

●图 7-3　Self-Attention 模块结构图

我们先用向量的方式展示一下 Self-Attention 机制的计算方式，再推广到矩阵运算中，这种方式是为了更方便理解自注意力的原理。

第一步，如图 7-4 所示，Self-Attention 机制会将 Encoder 输入的向量（输入向量是每个词经过 embedding 之后的向量）投影为三个向量。也就是说，对于每个词，我们会创建一个查询（Query）向量 $\boldsymbol{Q}$、一个键（Key）向量 $\boldsymbol{K}$ 和一个值（Value）向量 $\boldsymbol{V}$。这三个向量分别是由 embedding 之后的向量乘以训练得到的三个权重矩阵得到的。

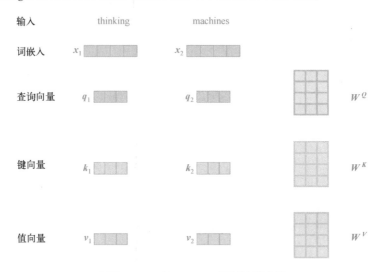

●图 7-4　Self-Attention 机制计算方法

这里规定新向量的维度小于 embedding 之后的向量的维度。当嵌入层和 Encoder 输入和输出的向量维度是 512 时，这些向量的维度是 64。这是一种架构选择，它可以使多头注意力计算保持不变。

以图 7-5 中的 $x_1$，也就是词 "thinking" 对应的词嵌入为例：

$$q_1 = x_1 W^Q$$
$$k_1 = x_1 W^K$$
$$v_1 = x_1 W^V$$

第二步是打分。假设计算例子中的第一个词 "thinking" 时，需要根据这个单词给输入句子中的每一个词打分。这个分数决定了当我们编码当前位置的单词时，其他位置的单词给予了多少关注（也就是权重）。计算方式是通过点乘当前位置单词的查询向量和需要打分位置单词的键向量得到的。所以，如果我们在位置 1 使用注意力机制给其他部分单词打分，第一个分数就是 $q_1 \cdot k_1$，第二个分数是 $q_1 \cdot k_2$，如图 7-5 所示。

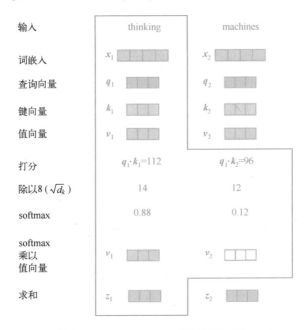

●图 7-5　Self-Attention 机制计算过程

第三步和第四步是将维度除以 8，这个数是键向量维度的平方根，这里取键向量的维度为 64，目的是得到更稳定的梯度（当然也可以是其他值，不过这个是默认的）。然后，将结果通过 softmax 函数处理。softmax 标准化可以将值映射压缩、标准化到 0 到 1 之间，从而产生打分的效果。

第五步是将每个值向量乘以 softmax 函数处理后的得分（为相加做准备）。这一步的目的是保留重要的词（想要关注的词）的完整性，去除不相关的词。（如给不相干的词乘以一个极小的数 -0.001）

第六步将权重值向量相加，其结果就是自注意力层（Self-Attention layer）在这个位置的输出。对每一个词我们都会进行类似的计算，从而对每个位置都产生对应的输出。

现在回到本节开头提出的矩阵运算公式，在实际应用中，计算都是以矩阵形式而不是以向量形式运算的，因为矩阵的运算速度更快。下面展示了单词级别矩阵运算的例子。

首先，是计算查询矩阵 $Q$、键矩阵 $K$、值矩阵 $V$，它们是通过将嵌入层输入的矩阵 $X$ 和训练得到的权重矩阵（$W^Q, W^K, W^V$）相乘得到的，如图 7-6 所示。

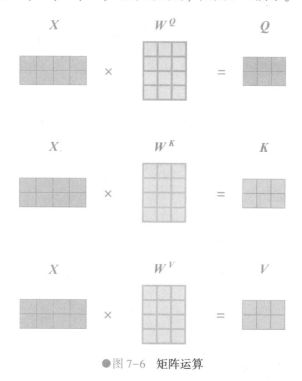

●图 7-6　矩阵运算

矩阵 $X$ 中的每一行对应于输入句子中的一个单词，而等号右侧 $Q$、$K$、$V$ 矩阵中的每一行对应该单词计算后所得到的 $q$、$k$、$v$ 向量。

最后，处理矩阵时，我们可以将第二至第六步变为一步计算自注意力层的输出，如图 7-7 所示。

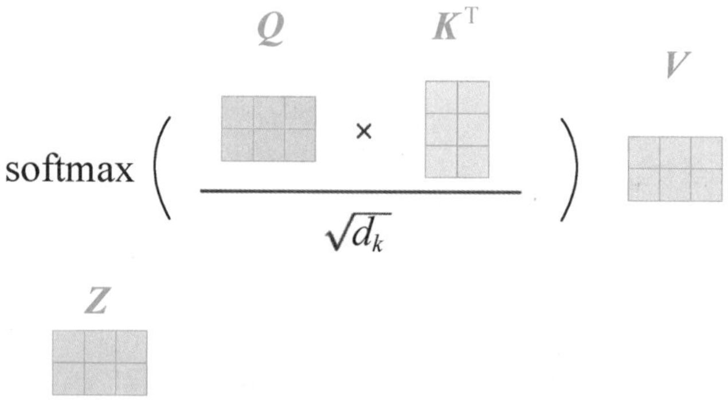

$$\text{softmax}\left(\frac{Q \times K^{\text{T}}}{\sqrt{d_k}}\right) V$$

$$= Z$$

●图 7-7　矩阵输出

在实现代码细节的过程中还需要注意两点，一个是关于 mask 的操作计算，另外一个则是 dropout 层的设置，这些并没有在理论中提及。

```python
class ScaleDotProductAttention(nn.Module):

    def __init__(self):
        super(ScaleDotProductAttention, self).__init__()
        self.softmax = nn.Softmax()

    def forward(self, q, k, v, mask=None, e=1e-12):
        batch_size, head, length, d_tensor = k.size()

        # 1. dot product Query with Key^T to compute similarity
        k_t = k.view(batch_size, head, d_tensor, length)
        score = (q @ k_t) / math.sqrt(d_tensor)

        # 2. apply masking (opt)
        if mask is not None:
            score = score.masked_fill(mask == 0, -e)

        # 3. pass themsoftmax to make [0, 1] range
        score = self.softmax(score)

        # 4. multiply with Value
        v = score @ v

        return v, score
```

（2）多头 Self-Attention

为了使模型能够从多个角度理解词语之间的关系，在前面介绍的基础上需要建立一个多头注意力层（Multi-Head Attention layer）层，其结构如图 7-8 所示。

多头注意力机制从两个方面提高注意力层的性能：1）它提高了模型关注不同位置的能力。比如在翻译"The animal didn't cross the street because it was too tired"时，我们想知道"it"指代的是什么词，此时多头注意力很有用。"it"用一个注意力只能关注到"animal"，但是其实"tired"也是和"it"有关的。2）它给予注意力层多个"表示子空间"。多头注意力可以让我们拥有多组 $\boldsymbol{Q}$、$\boldsymbol{K}$、$\boldsymbol{V}$ 矩阵（Transformer 使用 8 个注意力头，所以最终的 Encoder-Decoder 有 8 组）。每组都是随机初始化的。经过训练后，每组将嵌入层的输出（或者底层 Encoder-Decoder 的输出）可以投射到不同的表示子空间中。

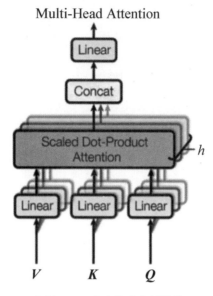

●图 7-8    多头注意力层结构

如果要实现之前提到的 8 个自注意力头计算的话，只需要 8 次和 8 个不同的权重矩阵相乘，就会得到 8 个不同的 $Z$ 矩阵。（$Q$、$K$、$V$ 首先经过一个线性变换，然后输入到 Scaled Dot-Product Attention，注意这里要做 $h$ 次，其实也就是所谓的多头，每一次算一个头。而且每次 $Q$、$K$、$V$ 进行线性变换的参数 $W$ 是不一样的），过程如图 7-9 所示。

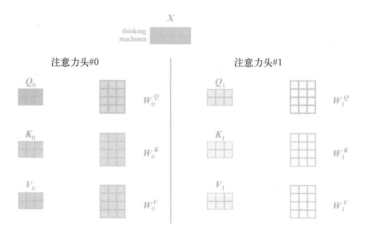

●图 7-9    多头注意力层结构

这就有个问题。前馈神经网络只接受一个矩阵，不接受多个矩阵。所以我们需要把这 8 个矩阵组合成 1 个矩阵。具体做法是把 8 个矩阵连接起来，然后乘以一个额外的权重矩阵 $W^O$（见图 7-10）。

以上就是多头自注意力机制的所有内容了，但是这里只展示了实际计算中的一部分矩阵以便于读者理解。让我们把多头注意力的计算放到一张图上，如图 7-11 所示。

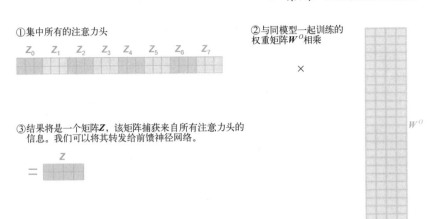

●图7-10 矩阵连接转换

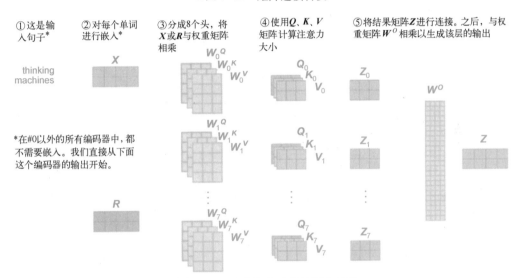

●图7-11 多头注意力的计算全过程

现在我们已经基本了解了多头注意力了，在例句中，当我们编码"it"的时候，不同头的注意力的分布如图7-12所示。

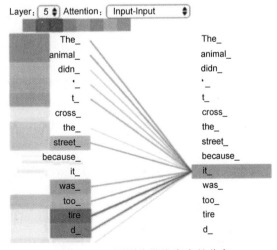

●图7-12 不同头的注意力的分布

当我们编码单词"it"的时候，一个注意力头更关注"the animal"，另一个更关注"tired"（假设是这样），那么模型用"animal"和"tired"一起表示"it"。

在 Multi-Head Attention 中，模型将 embedding 向量分成 $N$ 个头（heads），再进行后续的计算，代码如下：

```python
class MultiHeadAttention(nn.Module):
    def __init__(self, model_dim, n_head, dropout_rate):
        super(MultiHeadAttention, self).__init__()

        self.model_dim=model_dim
        self.n_head=n_head
        self.head_dim = self.model_dim // self.n_head

        self.linear_k = nn.Linear(self.model_dim, self.head_dim * self.n_head)
        self.linear_v = nn.Linear(self.model_dim, self.head_dim * self.n_head)
        self.linear_q = nn.Linear(self.model_dim, self.head_dim * self.n_head)

        self.linear_final=nn.Linear(self.head_dim * self.n_head, self.model_
dim)
        self.dropout = nn.Dropout(dropout_rate)
        self.scaled_dot_product_attention = ScaledDotProductAttention(dropout
_rate)


    def forward(self, query, key, value, mask=None):
        q = self.linear_q(query)
        k = self.linear_k(key)
        v = self.linear_v(value)
        batch_size=k.size()[0]

        q_ = q.view(batch_size * self.n_head, -1, self.head_dim)
        k_ = k.view(batch_size * self.n_head, -1, self.head_dim)
        v_ = v.view(batch_size * self.n_head, -1, self.head_dim)

        context = self.scaled_dot_product_attention(q_, k_, v_, mask)

        output = context.view(batch_size, -1, self.head_dim * self.n_head)
        output = self.linear_final(output)
```

```
output = self.dropout(output)
return output
```

### （3）前馈神经网络模块

Encoder 中存在的另一个结构是前馈神经网络（Feed-Forward Network），它的作用是加深网络结构。FFN 层包括两个线性操作，中间有一个 ReLU 激活函数，对应的公式形式为

$$FFN(\boldsymbol{x}) = \max(0, \boldsymbol{x}\boldsymbol{W}_1 + b_1)\boldsymbol{W}_2 + b_2$$

这里取前馈神经网络模块输入和输出的维度均为 512，而其内层的维度为 2048，也就是上述公式中权重矩阵 $\boldsymbol{W}_1$ 和 $\boldsymbol{W}_2$ 的维度分别为 512×2048 和 2048×512。

其代码如下：

```
class PositionwiseFeedForward(nn.Module):

    def __init__(self, d_model, hidden, drop_prob=0.1):
        super(PositionwiseFeedForward, self).__init__()
        self.linear1 = nn.Linear(d_model, hidden)
        self.linear2 = nn.Linear(hidden, d_model)
        self.relu = nn.ReLU()
        self.dropout = nn.Dropout(p=drop_prob)

    def forward(self, x):
        x = self.linear1(x)
        x = self.relu(x)
        x = self.dropout(x)
        x = self.linear2(x)
        return x
```

## 7.2.3 Decoder 端各个子模块

### （1）多头 Self-Attention 模块

Decoder 端的多头 Self-Attention 模块与 Encoder 端的一致，但需要注意的是 Decoder 端的多头 Self-Attention 需要经过 mask 处理，因为它在预测时是"看不到未来的序列的"，所以要将当前预测的单词（token）及其之后的单词（token）全部进行 mask 处理。它的作用是在生成式任务时防止 $t$ 时刻看到其之后训练集的标签，这样会导致模型训练失败。

通过如下代码实现 mask 操作。

```
def make_src_mask(self, src):
    src_mask = (src != self.src_pad_idx).unsqueeze(1).unsqueeze(2)
    return src_mask


def make_trg_mask(self, trg):
    trg_pad_mask = (trg != self.trg_pad_idx).unsqueeze(1).unsqueeze(3)
    trg_len = trg.shape[1]
     trg _ sub _ mask = torch.tril (torch.ones (trg _ len, trg _ len)) .type
(torch.ByteTensor).to(self.device)
    trg_mask = trg_pad_mask & trg_sub_mask
    return trg_mask
```

（2）多头 Encoder-Decoder Attention 交互模块

多头 Encoder-Decoder Attention 交互模块的形式与多头 Self-Attention 模块一致，唯一不同的是 $Q$、$K$，$V$ 矩阵的来源，$Q$ 矩阵来源于 masked 多头 Self-Attention 模块经过 Add & Norm 后的输出，而 $K$、$V$ 矩阵则来源于整个 Encoder 端的输出，仔细想想其实可以发现，这里的交互模块就跟第 6 章中所阐述的带有 Attention 的 Seq2Seq 模型一样，目的就在于让 Decoder 端的单词（token）给予 Encoder 端对应的单词（token）更多的关注（attention weight）。

（3）前馈神经网络模块

该部分与 Encoder 端的一致。

## 7.2.4  其他模块

（1）Add & Norm 模块

Add & Norm 模块接在 Encoder 端和 Decoder 端每个子模块的后面，其中 Add 表示残差连接，Norm 表示层归一化（LayerNormalization），因此 Encoder 端和 Decoder 端每个子模块实际的输出为

$$LayerNorm(x+Sublayer(x))$$

其中，Sublayer 为子模块的输出。

LayerNorm 对于深层网络来说是非常重要的，它主要是控制每一层的值的波动，这里的层归一化会使得模型训练更快，更容易收敛。

其代码实现如下。

```
class LayerNorm(nn.Module):
    def __init__(self, d_model,eps = 1e-12):
        super(LayerNorm, self).__init__()
```

```
        self.gamma = nn.Parameter(torch.ones(d_model))
        self.beta = nn.Parameter(torch.zeros(d_model))
        self.eps = eps

    def forward(self, x):
        mean = x.mean(-1,keepdim=True)
        std = x.std(-1,keepdim=True)

        out = (x - mean) / (std + self.eps)
        out = self.gamma * out + self.beta
        return out
```

（2）Positional Encoding 模块

在一个 Encoder-Decoder 结构中，数据的输入都会经过一个 Embedding 层，它的作用是将词语嵌入到一个多维空间里，其好处远远超过了独热编码。Transformer 也不例外，它的输入也需要经过 Embedding 层。但是，Transformer 结构中并没有像循环神经网络结构那种前后的序列依赖关系，所以没有办法对输入语料的顺序做记录。文章"Attention Is All You Need"中提出了一种位置编码（Positional Encoding，PE）的方法，记录词语之间的顺序关系。它的计算公式如下：

$$PE_{(pos,2i)} = \sin(pos/10000^{2i/d_{model}})$$
$$PE_{(pos,2i+1)} = \cos(pos/10000^{2i/d_{model}})$$

通过 PyTorch 实现的代码如下。

```
class PostionalEncoding(nn.Module):
    def __init__(self, d_model, max_len, device):
        super(PostionalEncoding, self).__init__()
        self.encoding = torch.zeros(max_len, d_model, device=device)
        self.encoding.requires_grad = False

        pos = torch.arange(0, max_len, device=device)
        pos = pos.float().unsqueeze(dim=1)

        _2i = torch.arange(0, d_model, step=2, device=device).float()

        self.encoding[:, 0::2] = torch.sin(pos /(10000 ** (_2i /d_model)))
        self.encoding[:, 1::2] = torch.cos(pos /(10000 ** (_2i /d_model)))
```

```
    def forward(self, x):
        batch_size,seq_len = x.size()
        return self.encoding[:seq_len, :]
```

将上面的 Positional Encoding 模块加到嵌入向量里，把它们的和作为 Encoder-Decoder 结构的输入，以此给模型提供相关的位置信息。

需要注意的是，Transformer 中的 Positional Encoding 不是通过网络学习得来的，而是直接通过上述公式计算而来的，也有人曾利用网络学习 Positional Encoding，发现结果与上述基本一致，但是这里选择了正弦和余弦函数版本，因为三角函数不受序列长度的限制，也就是说可以针对比所遇到序列更长的序列进行表示。

## 7.2.5　完整模型

以上介绍了各层的代码实现，至此就可以将完整的 Transformer 实现出来。

Transformer 模型中的 Encoder 和 Decoder 实际上是由多个 Encoder Block、Decoder Block 堆叠而成，所以在搭建完整模型之前，需要先建立 Encoder Layer 和 Decoder Layer。

```
class EncoderLayer(nn.Module):

    def __init__(self, d_model,ffn_hidden, n_head, drop_prob):
        super(EncoderLayer, self).__init__()
        self.attention =MultiHeadAttention(d_model=d_model, n_head=n_head)
        self.norm1 =LayerNorm(d_model=d_model)
        self.dropout1 = nn.Dropout(p=drop_prob)
        self.ffn = PositionwiseFeedForward(d_model=d_model, hidden=ffn_
hidden, drop_prob=drop_prob)
        self.norm2 =LayerNorm(d_model=d_model)
        self.dropout2 = nn.Dropout(p=drop_prob)

    def forward(self, x, s_mask):
        _x = x
        x = self.attention(x, x, x, mask=s_mask)
        x = self.norm1(x + _x)
        x = self.dropout1(x)

        _x = x
        x = self.ffn(x)
```

```
        x = self.norm2(x + _x)
        x = self.dropout2(x)
        return x


class DecoderLayer(nn.Module):

    def __init__(self, d_model,ffn_hidden, n_head, drop_prob):
        super(DecoderLayer, self).__init__()
        self.self_attention =MultiHeadAttention(d_model=d_model, n_head=n_
head)
        self.norm1 =LayerNorm(d_model=d_model)
        self.dropout1 = nn.Dropout(p=drop_prob)
        self.enc_dec_attention =MultiHeadAttention(d_model=d_model, n_head=n
_head)
        self.norm2 = LayerNorm(d_model=d_model)
        self.dropout2 = nn.Dropout(p=drop_prob)
        self.ffn = PositionwiseFeedForward(d_model=d_model, hidden=ffn_
hidden, drop_prob=drop_prob)
        self.norm3 =LayerNorm(d_model=d_model)
        self.dropout3 = nn.Dropout(p=drop_prob)

    def forward(self, dec, enc, t_mask, s_mask):
        _x = dec
        x = self.self_attention(dec, dec, dec, mask=t_mask)
        x = self.norm1(x + _x)
        x = self.dropout1(x)

        if enc is not None:
            _x = x
            x = self.enc_dec_attention(x, enc, enc, mask=s_mask)
            x = self.norm2(x + _x)
            x = self.dropout2(x)

        _x = x
        x = self.ffn(x)
        x = self.norm3(x + _x)
        x = self.dropout3(x)
```

```
        return x
```

通过叠加 Encoder Block 和 Decoder Block，最终搭建完整的 Encoder-Decoder 框架。

```
class Encoder(nn.Module):

    def __init__(self, enc_voc_size, max_len, d_model,ffn_hidden, n_head, n_lay-
ers, drop_prob, device):
        super().__init__()
        self.emb = TransformerEmbedding(d_model=d_model,
                        max_len=max_len,
                        vocab_size=enc_voc_size,
                        drop_prob=drop_prob,
                        device=device)

        self.layers = nn.ModuleList([EncoderLayer(d_model=d_model,
                        ffn_hidden=ffn_hidden,
                        n_head=n_head,
                        drop_prob=drop_prob)
                    for _ in range(n_layers)])

    def forward(self, x, s_mask):
        x = self.emb(x)

        for layer in self.layers:
            x = layer(x, s_mask)

        return x

class Decoder(nn.Module):
    def __init__(self, dec_voc_size, max_len, d_model,ffn_hidden, n_head, n_lay-
ers, drop_prob, device):
        super().__init__()
        self.emb = TransformerEmbedding(d_model=d_model,
                        drop_prob=drop_prob,
                        max_len=max_len,
```

```
                        vocab_size=dec_voc_size,
                        device=device)

        self.layers = nn.ModuleList([DecoderLayer(d_model=d_model,
                        ffn_hidden=ffn_hidden,
                        n_head=n_head,
                        drop_prob=drop_prob)
               for _ in range(n_layers)])

        self.linear = nn.Linear(d_model, dec_voc_size)

    def forward(self,trg, enc_src, trg_mask, src_mask):
        trg = self.emb(trg)

        for layer in self.layers:
            trg = layer(trg, enc_src, trg_mask, src_mask)

        output = self.linear(trg)

        return output
```

依据本节开头的 Transformer 模型结构图，最终完成的代码如下。

```
class Transformer(nn.Module):

    def __init__(self, src_pad_idx,trg_pad_idx, trg_sos_idx, enc_voc_size, dec_
voc_size, d_model, n_head, max_len,ffn_hidden, n_layers, drop_prob, device):
        super().__init__()
        self.src_pad_idx = src_pad_idx
        self.trg_pad_idx = trg_pad_idx
        self.trg_sos_idx = trg_sos_idx
        self.device = device
        self.encoder = Encoder(d_model=d_model,
                n_head=n_head,
                max_len=max_len,
                ffn_hidden=ffn_hidden,
                enc_voc_size=enc_voc_size,
                drop_prob=drop_prob,
```

```
                    n_layers=n_layers,
                    device=device)


        self.decoder = Decoder(d_model=d_model,
                    n_head=n_head,
                    max_len=max_len,
                    ffn_hidden=ffn_hidden,
                    dec_voc_size=dec_voc_size,
                    drop_prob=drop_prob,
                    n_layers=n_layers,
                    device=device)


    def forward(self, src,trg):
        src_mask = self.make_src_mask(src)
        trg_mask = self.make_trg_mask(trg)
        enc_src = self.encoder(src, src_mask)
        output = self.decoder(trg, enc_src, trg_mask, src_mask)
        return output
```

扫一扫观看串讲视频

第 **8** 章

预训练语言模型 BERT

## 8.1 BERT 的基本概念

BERT（Bi-directional Encoder Representations from Transformers，中文意思是基于 Transformer 的双向编码表示）是谷歌研究人员在 2018 年开源的一个 NLP 预训练模型。作为最近几年最具有代表性的模型，BERT 刚刚发布的时候就在 NLP 的多个任务中达到最佳效果。

BERT 模型相对于其他模型的独特之处在于，它是第一个深度双向、无监督的语言表示模型，仅使用纯文本语料库进行预训练。官方的 BERT 模型是在维基百科（Wikipedia）（约 25 亿字）和图书语料库（8 亿字）组成的大型语料库上进行预训练的。由于 BERT 模型是开源的，任何具有机器学习知识的人都可以轻松地构建 NLP 模型，而不需要获取大量数据集来训练模型，从而大量节省了开发者的时间、精力、知识和资源。

在 BERT 模型发布之前，大部分 NLP 任务是基于 word2vec+RNN 等网络结构的基本架构，由于相对数据的匮乏，NLP 技术的发展并没有像计算机视觉领域那么顺利。不过，自然语言处理和计算机视觉的研究本身就是互相交叉、互相影响的，所以就有学者基于图像领域的思想，将 NLP 任务应用于预训练加微调的架构上。在 BERT 模型发表之前，ELMo 和 GPT 就是这一模式的典型开创者。

GPT（Generative Pre-Training）的含义是指通用的预训练，其核心在通用上。GPT 采用两个阶段的过程，第一个阶段是利用语言模型进行预训练，第二个阶段通过 Fine-tuning（微调）的模式解决下游任务。GPT 模型与以往模型的不同在于，其基础单元不再是 RNN，而是 2017 年刚刚发布的 Transformer 单元。

如图 8-1 所示，从 GPT 与 ELMo 的模型结构看，两个模型在架构结构上是类似的，只是细节上有一些不同。主要不同在于两点：

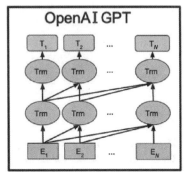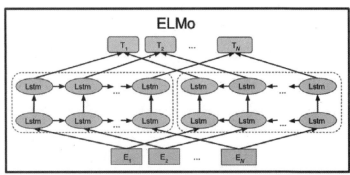

●图 8-1　GPT 与 ELMo 的模型结构

1）GPT 模型的特征抽取器不是用 RNN，而是最新的特征提取器 Transformer，经过相关的实验验证，在典型的 NLP 任务中，Transformer 的特征抽取能力要强于 RNN，这个选择明显是很明智的。

2）GPT 的预训练过程虽然仍然是以语言模型作为目标任务，但是采用的是单向的语言模型，所谓"单向"是指：语言模型预测任务是沿着序列单方向进行的。对比看，ELMo 在进行语言模型预训练的时候，预测单词 $W_i$ 时会同时考虑上文和下文，而 GPT 则只采用上文中的单词来进行预测，而抛开了下文。这个选择现在看不是太好的选择，原因很简单，它没有把单词的下文融合进来，从而限制了其在更多应用场景的效果。举个例子，在阅读理解、问答这样的任务中，从任务的结果看，阅读理解的答案或者问答系统的回答都是由上文和下文共同做决策的。如果预训练时不把单词的下文嵌入到 Word Embedding 中，是不完整的，在文本的方向上丢掉了很多语义信息。

基于 GPT 与 ELMo 模型的这些特点，BERT 模型做了一定的改进，解决了 GPT 结构本身存在的一些问题。首先，是将单向的 Transformer 单元改成了双向的 Transformer 单元；其次，在预训练任务上做了调整，下文会有介绍。GPT、ELMo 与 BERT 模型结构如图 8-2 所示。

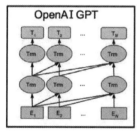 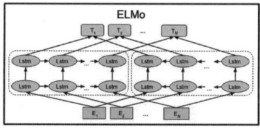 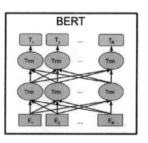

●图 8-2　GPT、ELMo 与 BERT 模型结构

自 BERT 模型发布，NLP 开启了预训练-微调的时代。

## 8.2　BERT 的工作原理

传统的上下文无关模型（如 word2vec 或 GloVe）为词汇表中的每个单词生成一个单独的单词嵌入表示，这意味着单词 "right" 在 "I'sure I'm right" 和 "Take a right turn" 这两句话中将具有相同的上下文无关的表示。然而，BERT 模型对此结构做了更为先进的改进，借助模型结构的变化，BERT 模型成为最成功的大规模双向预训练模型。

### 8.2.1　BERT 的预训练

应用 BERT 模型完成一个具体的 NLP 任务分为两步：预训练与微调。BERT 模型仅采用了多层的 Transformer 的 Encoder 单元，目的是让多层的 Encoder 通过预训练任务大量学习通用知识，并以此预训练的模型迁移完成下游 NLP 任务。

一个模型的预训练最关键的步骤是定义一个合理的训练目标，在 BERT 模型之前的预训练模型更喜欢用预测下一个词作为训练目标，而 BERT 模型提出了两种新的训练目标：Masked LM（MLM，意思是掩码的语言模型）和 Next Sentence Prediction（NSP，意思是预测下一个句子）。下面具体展开两个训练任务的细节。

（1）Masked LM

MLM 任务类似于填空任务，它是将输入句子中的部分词随机进行掩码，来最终预测掩码的词。从语境方向角度看，BERT 模型与从左到右的单向语言模型预训练不同，MLM 任务的目标是让模型融合左右语境，预训练一个深层的双向 Transformer 模型。

谷歌人工智能研究人员在论文中指出，在将单词序列输入到 BERT 之前，每个序列中有 15%的单词被替换为一个［MASK］标记。MLM 任务就是预测这些［MASK］标记，需要注意的是，这些［MASK］标记并不会全部被掩码，因为在微调任务中并不会出现［MASK］标记。

所以，此处被［MASK］的词可以分为三种类型：

1）其中 80%［MASK］的词是直接被掩码；

2）另外 10%是掩码后进行替换，换成另外一个词；

3）最后的 10%是保持原来的词不变来预测。

具体的操作可以如图 8-3 所示，在 Token embeddings（字符嵌入层）进行掩码操作。

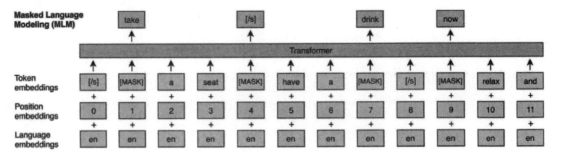

●图 8-3　Masked LM 任务过程

（2）Next Sentence Prediction

标点符号是文本数据的自然分隔符，因此应用这个特性进行训练也是比较合理的。NSP 任务就是这么一个例子，在 BERT 训练时输入连续的句子片段，并学习预测其中的第二个句子是否是原始文档中的后续句子。通过这样做，它能够教会模型理解两个输入语句之间的关系，对句子关系敏感的下游任务（如问答和自然语言推理）起到很好的作用。

然而，NSP 任务的必要性已经被随后的工作所质疑，大量的研究发现 NSP 任务的影响不可靠，有些结果也表明，当使用单个文档中的文本进行训练时，删除 NSP 任务反而可以提高下游任务的性能。

## 8.2.2 BERT 模型结构

（1）Embedding 层

和大多数 NLP 模型一样，BERT 将输入文本中的每一个词（token）送入 Token Embeddings（字符嵌入层）从而将每一个词转换成向量形式。但不同于其他模型的是，BERT 又多了两个嵌入层，即 Segment Embeddings（分句嵌入层）和 Position Embeddings（位置嵌入层）。BERT 模型的 Embedding 层最终由上述三个 Embeddings 相加组成，结构如图 8-4 所示。

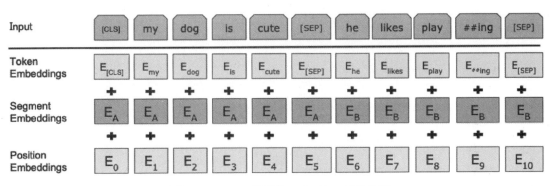

●图 8-4 BERT 模型的 Embedding 层结构图

三个嵌入层的介绍如下。

1）Token Embeddings

假设输入文本是"my dog is cute. he likes playing. "，图 8-4 中 Token Embeddings 层展示了整个实现过程。

输入文本在送入 Token Embeddings 层之前要先进行 tokenization（字符化）处理。与此同时，［CLS］特殊符号会被插到文本的开头，［SEP］特殊符号会插在两个句子之间和第二个句子的结尾。［CLS］特殊符号的作用可以用来配合完成下游 NLP 任务，［SEP］特殊符号主要用来划分句子。

BERT 模型中的 tokenization 的使用方法是 WordPiece tokenization（字根级别的字符化操作）。这是一种数据驱动式的 tokenization 方法，旨在权衡词典大小和 OOV⊖词的个数。这种方法把例子中的"playing"切分成"play"和"ing"。使用 WordPiece tokenization 可以让 BERT 模型在处理文本的时候存储更为少量的词语，而且很少遇到 OOV 的词。

Token Embeddings 层根据 BERT 模型大小将每一个 Token 转换成 768 维或者 1024 维的向量。

相关参考代码（来源于 Transformers）如下。

---

⊖ Out of Vocabulary 的缩写，即不在词典里的意思。——编辑注

```
def build_inputs_with_special_tokens(
        self, token_ids_0: List[int], token_ids_1: Optional[List[int]] = None
    ) -> List[int]:
        """
        Build model inputs from a sequence or a pair of sequence for sequence
classification tasks
        by concatenating and adding special tokens.
        A BERT sequence has the following format:
        - single sequence: "[CLS] X [SEP]"
        - pair of sequences: "[CLS] A [SEP] B [SEP]"
        Args:
            token_ids_0 (:obj:'List[int]'):
                List of IDs to which the special tokens will be added
            token_ids_1 (:obj:'List[int]', 'optional', defaults to :obj:'None'):
                Optional second list of IDs for sequence pairs.
        Returns:
            :obj:'List[int]': list of 'input IDs <../glossary.html#input-ids>'__
with the appropriate special tokens.
        """
        if token_ids_1 is None:
            return [self.cls_token_id] + token_ids_0 + [self.sep_token_id]
        cls = [self.cls_token_id]
        sep = [self.sep_token_id]
        return cls + token_ids_0 + sep + token_ids_1 + sep
```

2）Segment Embeddings

BERT 模型能够处理对输入句子对的分类任务。这类任务就像判断两个文本是否是语义相似的。句子对中的两个句子被简单地拼接在一起后送入到模型中。那么 BERT 是如何区分一个句子对中的两个句子的呢？答案就是 Segment Embeddings。

Segment Embeddings 层只有两种向量表示。前一个向量是把 0 赋给第一个句子中的各个 token，后一个向量是把 1 赋给第二个句子中的各个 token。如果输入仅仅只有一个句子，那么它的 Segment Embedding 就都是 0。

相关参考代码（来源于 Transformer）如下。

```
def create_token_type_ids_from_sequences(
        self, token_ids_0: List[int], token_ids_1: Optional[List[int]] = None
    ) -> List[int]:
        """
```

```
      Creates a mask from the two sequences passed to be used in a sequence-pair
classification task.

      A BERT sequence pair mask has the following format:
      ::

          0 0 0 0 0 0 0 0 0 0 0 1 1 1 1 1 1 1 1 1
          | first sequence | second sequence |
      if token_ids_1 is None, only returns the first portion of the mask (0's).
      Args:
          token_ids_0 (:obj:'List[int]'):
              List of ids.
          token_ids_1 (:obj:'List[int]', 'optional', defaults to :obj:None):
              Optional second list of IDs for sequence pairs.
      Returns:
          :obj:'List[int]': List of 'token type IDs <../glossary.html#token-type
-ids>'_ according to the given
          sequence(s).
    """

      sep = [self.sep_token_id]
      cls = [self.cls_token_id]
      if token_ids_1 is None:
          return len(cls + token_ids_0 + sep) * [0]
      return len(cls + token_ids_0 + sep) * [0] + len(token_ids_1 + sep) * [1]
```

3）Position Embeddings

BERT 模型内部结构是基于 Transformer 结构的，由 7.2 节可知，Transformer 是无法编码输入的序列顺序的。但是 Position Embeddings 和 7.2 节的 Transformer 中提到的 Positional Encoding 方法不同，此处的 Position Embeddings 并没有采用三角函数，而是一个跟着训练学出来的向量。

（2）BERT 的网络结构

BERT 的网络架构使用的是 7.2 节提到的多层 Transformer 结构，但 BERT 仅仅使用了 Transformer 结构里的编码器（Encoder）部分，如图 8-5 所示。

将多层的 Encoder 搭建在一起组成了 BERT 的基本网络结构，如图 8-6 所示。

BERT 提供了简单和复杂两种模型，对应的超参数分别如下。

BERT-BASE：12 层（Transformer Encoder Block），12 个注意头，$H^{\ominus} = 768$，参数总量 110 M$^{\ominus}$；

BERT-LARGE：24 层（Transformer Encoder Block），16 个注意头，H=1024，参数总量 340 M。

---

⊖ H 代表 "hidden size"，即隐层数。

⊖ M 是百万（million）的意思，110M 代表有 1.1 亿个参数。

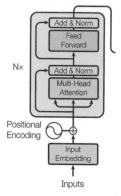

●图 8-5　Transformer 编码器结构

| 图中词语翻译对照表 | |
| --- | --- |
| Add&Norm | 求和与归一化 |
| Feed Forward | 前馈神经网络 |
| Multi-Head Attention | 多头注意力 |
| Positional Encoding | 位置编码 |
| Input Embedding | 输入嵌入 |
| Inputs | 输入 |

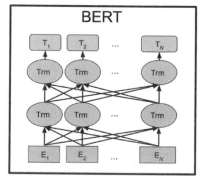

●图 8-6　BERT 结构图

## 8.2.3　BERT 的微调

微调（Fine-tuning）是在 BERT 强大的预训练后完成 NLP 下游任务的步骤，同时也是所谓的迁移策略，它充分应用大规模的预训练模型的优势，只在下游任务上再进行一些微调训练，就可以达到非常不错的效果。

由于 BERT 预训练已经可以对句子和句子之间的表示进行计算，所以对于文本分类和文本匹配这样的任务，完全可以通过特殊符号［CLS］的输出加上一层 MLP（多层感知机）来解决，微调结构如图 8-7a、b 所示。

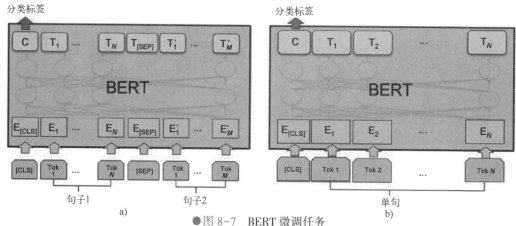

●图 8-7　BERT 微调任务

a）句子对的分类任务（MNLI、QQP、QNLI、STS-B、MRPC、RTE、SWAG）　b）单句分类任务（SST-2、CoLA）

图 8-7 中微调任务的介绍如表 8-1 所示。

表 8-1　微调任务介绍

| 名　称 | 介　绍 |
| --- | --- |
| MNLI | 给定一个前提，根据这个前提去推断假设与前提的关系。该任务的关系分为三种，蕴含关系、矛盾关系以及中立关系。所以这个问题本质上是一个分类问题，我们需要做的是去发掘前提和假设这两个句子对之间的交互信息 |
| QQP | 基于 Quora，判断 Quora 上的两个问题句表示的是否是一样的意思 |
| QNLI | 用于判断文本是否包含问题的答案，类似于做阅读理解时定位问题所在的段落 |
| STS-B | 预测两个句子的相似性，包括 5 个级别 |
| MRPC | 判断两个句子是否是等价的 |
| RTE | 类似于 MNLI，但是只涉及对蕴含关系的二分类判断，而且数据集更小 |
| SWAG | 从四个句子中选择出可能是前句下文的那个 |
| SST-2 | 电影评价的情感分析 |
| CoLA | 句子语义判断，是否是可接受的（Acceptable） |

对于单句标注任务，只需要加 softmax 输出层就可以完成，如图 8-8 所示。

对于问答（QA）任务，只需要用两个线性分类器分别输出范围（span）的起点和终点，就可以完成抽取式任务如 SQuAD，如图 8-9 所示。

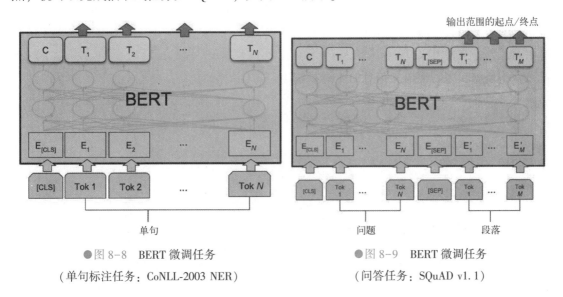

●图 8-8　BERT 微调任务　　　　　　　　　　●图 8-9　BERT 微调任务

（单句标注任务：CoNLL-2003 NER）　　　　（问答任务：SQuAD v1. 1）

## 8.3　BERT 的可解释性

随着 BERT 模型的流行，NLP 的研究逐步进入快速路，但是，仍有一个问题困扰着 NLP 的研究人员。像 BERT 这样的模型常常以其可解释性为代价来提高性能。换言之，即使网络达到了 90%或以上的准确率，像 BERT 这样的模型在其复杂的结构中是否真的具有捕获语言的抽象能力仍然是个未知数。

为了解决这一问题，"BERT Rediscovers the Classical NLP Pipeline" 一文对 BERT 模型展开了研究，并讨论了它提取语言信息的能力。通过定义度量标准，实验量化了这些语言信息在哪里，以及各层如何相互作用以便更好地进行预测。

文章中采用了 8 种不同的探测任务，如图 8-10 所示分别是句法分析（Part-Of-Speech，POS）、成分分析（Consts.）、依存分析（Deps.）、实体识别（Entities）、语义角色标注（Semantic Role Labeling，SRL）、共指消解（Coref.）、SPR（Semantic proto-roles）和关系分类（Relations）。评价指标均采用 Metric-Micro-Averaged F1 分数。

文章中设置了一些探测任务（Probing Tasks），这些探测任务都是来自传统的自然语言处理 Pipeline 系统。BERT 结构中不同层所编码的信息是通过这些探测任务体现出来的。总体来说，BERT 会在较低层编码更多语法信息，在较高层编码更多语义信息。同时，文中定性地逐层分析了单个句子在 BERT 网络结构中的编码过程，分析证明在较低层产生的一些有歧义的决定可以在较高层被修正。

如图 8-10 和图 8-11 所示，可以看出一个规律，句法分析（POS）的关键信息在 BERT 模型中最早体现出来（较低层），紧接着的是成分分析（Consts.）、依存分析（Deps.）、语义角色标注（SRL）和共指消解（Coref.）。具体来讲，语法信息（Syntactic Information）出现在 BERT 模型的较低层，高级的语义信息（High-Level Semantic Information）则出现在较高层。此外，文章中发现语法信息的体现比较局部化（Localizable），可以从 K(s) 和 K(Δ) 中反映出来，但语义信息的体现在各层中的分布比较均匀。

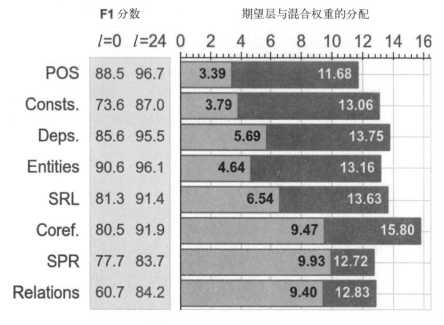

●图 8-10　BERT 可解释性（1）

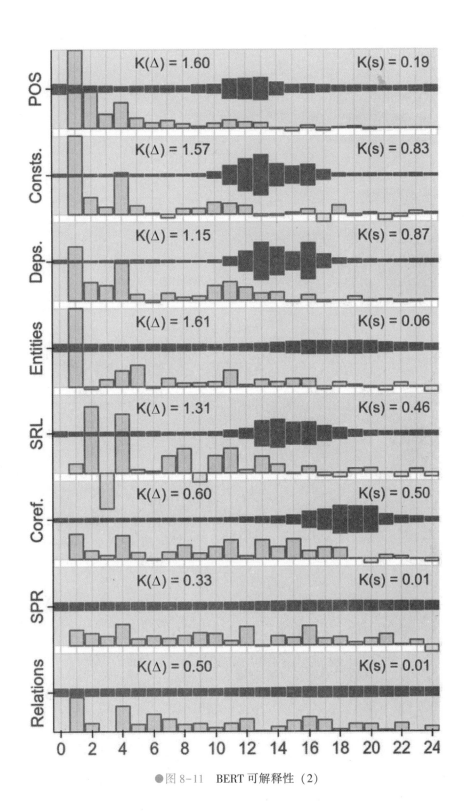

●图 8-11 BERT 可解释性（2）

## 8.4 其他预训练模型

### 8.4.1 XLNet

XLNet（Generalized Auto-Regressive Pretraining for Language Understanding，广义的自回归预训练模型）是由谷歌在 2019 发布的预训练模型，发布后便在各大 NLP 榜单上超越了以前的 BERT 模型。

XLNet 是一个类似于 BERT 的模型，而不是一个完全不同的模型。两者最大的不同是，无监督目标函数的选择，BERT 模型是基于 AE（Auto-Encoding，自编码）的预训练模型，而 XLNet 则采用了一种广义 AR（Auto-Regressive，自回归）方法。

那什么是 AR（自回归）语言模型呢，假设序列文本存在线性关系，用 $x_0, x_1, \cdots, x_{t-1}$ 预测 $x_t$，前面提到的 ELMo 和 GPT 都是以 AR 为目标。AR 语言模型更加擅长 NLP 生成任务，因为在生成上下文时，通常是正向的，AR 语言模型在这类 NLP 任务中能够工作得很好。

但是 AR 语言模型也有一些缺点，它只能使用前向上下文或后向上下文，这意味着它不能同时使用前向上下文和后向上下文，不能进行双向的编码。因为 BERT 模型采用了 AE 语言模型。

AE（自编码）语言模型，是类似于填空的一种方法，将要预测的词语进行掩码操作，最终预测这个词。AE 语言模型的优点是它可以在向前和向后两个方向上看到上下文。

但是 AE 语言模型也有其不足之处，总结有以下两点：

1）AE 语言模型在预训练中使用了［MASK］，但是这种人为定义的符号在微调的过程中是不存在的，这就导致了预训练过程和微调过程的不一致。

2）AE 语言模型有着不符合真实情况的假设。［MASK］的另一个缺点是它假设所预测的 token 是相互独立的，给出的是未掩码的 token。例如，有一句话"自然语言处理实战"。我们掩码了"实"和"战"。注意这里，我们知道，掩码的"实"与"战"之间隐含着相互关联。但 AE 语言模型是利用那些没有掩码的 token 试图预测"实"，并独立利用那些没有掩码的 token 预测"战"。它忽视了"实"与"战"之间的关系。换句话说，它假设预测的（屏蔽的）token 是相互独立的。但是，我们知道模型应该学习（屏蔽的）token 之间的这种相关性来预测其中的一个 token。

针对以上的问题，XLNet 提出了一种新的方法，让 AR 语言模型能够从双向的上下文中学习，避免了 AE 语言模型中掩码（mask）方法带来的弊端。

AR 语言模型只能使用前向或后向的上下文，如何结合 AE 模型的特点使其能够实现学习双向上下文呢？语言模型一般由预训练和微调两个阶段组成，XLNet专注于预训练阶段。在预训练阶段，它提出了一个新的目标，称为重排列语言建模（Permutation Language Modeling，PLM）。从名字上就能看出这种方法的基本思想，它使用重排列（Permutation）的技巧，如图8-12所示。

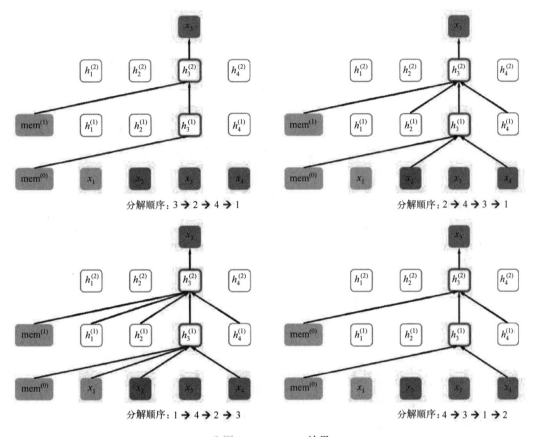

● 图8-12　XLNet效果

图8-12中表示，在相同的输入序列$x$的基础上，以不同的因子分解顺序来预测$x_3$。对于上述4个token的句子，有24(=4!)个排列。假设我们想要预测$x_3$。24个排列中有4种模式，$x_3$在第1位、第2位、第3位、第4位。

在这里，我们将$x_3$的位置设为第$t$位，它前面的$t-1$个token用来预测$x_3$。这样，之前的单词就包含序列中所有可能的单词和长度。直观地，模型将学习从两边的所有位置收集信息。

具体实现上，由于计算复杂度的限制，不可能计算所有的序列排序，因此对于每一种序列输入只会采样一种排列方式。在实际训练时，会通过mask矩阵实现重排序，具体实现会复杂很多，可以参考相关开源代码。

## 8.4.2 RoBERTa

RoBERTa（Robustly optimized BERT approach，强力优化的 BERT 方法）是由 Facebook AI 和华盛顿大学的研究团队共同完成的。

相对 BERT，该模型做了以下几点调整。

1）训练步数更长，批大小（batch size，bsz）更大，训练数据更多，效果如表 8-2 所示。

表 8-2 RoBERTa 效果（一）

| 模 型 | 数据量 | 批大小 | 训练步数 | SQuAD (v1.1/2.0) | MNLI-m | SST-2 |
|---|---|---|---|---|---|---|
| RoBERTa | | | | | | |
| with BOOKS+WIKI | 16 GB | 8 K | 100 K | 93.6/87.3 | 89.0 | 95.3 |
| +additional data | 160 GB | 8 K | 100 K | 94.0/87.7 | 89.3 | 95.6 |
| +pretrain longer | 160 GB | 8 K | 300 K | 94.4/88.7 | 90.0 | 96.1 |
| +pretrain even longer | 160 GB | 8 K | 500 K | **94.6/89.4** | **90.2** | **96.4** |
| BERT$_{LARGE}$ | | | | | | |
| with BOOKS+WIKI | 13 GB | 256 | 1 M | 90.9/81.8 | 86.6 | 93.7 |
| XLNet$_{LARGE}$ | | | | | | |
| with BOOKS+WIKI | 13 GB | 256 | 1 M | 94.0/87.8 | 88.4 | 94.4 |
| +additional data | 126 GB | 2 K | 500 K | 94.5/88.8 | 89.8 | 95.6 |

从表 8-2 可以看出，RoBERTa 模型预训练使用的数据量（data）由 16 GB 到 160 GB，训练步数（steps）从 100 K 到 500 K。达到的效果是超过 BERT 模型的。

2）删除了 NSP 任务，如表 8-3 所示。

表 8-3 RoBERTa 效果（二）

| 模 型 | SQuAD 1.1/2.0 | MNLI-m | SST-2 | RACE |
|---|---|---|---|---|
| 带有 NSP 损失的复现结果： | | | | |
| SEGMENT-PAIR | 90.4/78.7 | 84.0 | 92.9 | 64.2 |
| SENTENCE-PAIR | 88.7/76.2 | 82.9 | 92.1 | 63.0 |
| 不带 NSP 损失的复现结果： | | | | |
| FULL-SENTENCES | 90.4/79.1 | 84.7 | 92.5 | 64.8 |
| DOC-SENTENCES | 90.6/79.7 | 84.7 | 92.7 | 65.6 |
| BERT$_{BASE}$ | 88.5/76.3 | 84.3 | 92.8 | 64.3 |
| XLNet$_{BASE}$（K=7） | -/81.3 | 85.8 | 92.7 | 66.1 |
| XLNet$_{BASE}$（K=6） | -/81.0 | 85.6 | 93.4 | 66.7 |

从对比结果中可以看出，没有采用 NSP 任务的结果反倒有一些提升，使得大家对 NSP 这个任务的存在性产生了怀疑，此处可以假设是因为该方法无法学习长期依赖关系。

3）训练序列更长。

以往的神经机器翻译研究表明，当学习率（lr）适当提高时，非常大的批大小（bsz）的训练既可以提高优化速度，又可以提高最终任务性能。最近的研究表明，BERT 也可以接受 large batch 训练。表 8-4 比较了 $BERT_{BASE}$ 在增大批大小变化带来的效果时的复杂性和最终任务性能，控制了通过训练数据的次数。我们观察到，large batches 训练提高了 masked language modeling 目标的困惑度（ppl），以及最终任务的准确性。

表 8-4　批大小变化带来的效果

| 批大小 | 训练步数 | 学习率 | 困惑度 | MNLI-m | SST-2 |
|---|---|---|---|---|---|
| 256 | 1 M | $10^{-4}$ | 3.99 | 84.7 | 92.7 |
| 2 K | 125 K | $\times 10^{-4}$ | **3.68** | **85.2** | **92.9** |
| 8 K | 31 K | $10^{-3}$ | 3.77 | 84.6 | 92.8 |

4）动态调整 Masking 机制。

BERT 依赖于随机的 Masking 和预测 token。原始的 BERT 在数据预处理时执行遮蔽操作，这是简单的静态（static）的 mask。为了避免在每个 epoch 中对每个训练样本都使用同样的 mask，训练数据被复制 10 倍，这样在 40 个 epoch 训练中每个序列都有 10 种不同的 mask 方式，也就是动态（dynamic）的 mask。从表 8-5 中可以看出，动态 Masking 在一定程度上提升了实验效果。

表 8-5　动态 mask 的效果

| 掩码操作（Masking） | SQuAD 2.0 | MNLI-m | SST-2 |
|---|---|---|---|
| 参考值 | 76.3 | 84.3 | 92.8 |
| 复现结果 | | | |
| 静态 | 78.3 | 84.3 | 92.5 |
| 动态 | 78.7 | 84.0 | 92.9 |

基于上述优点，RoBERTa 模型在 GLUE[⊖] 上的结果如表 8-6 所示。

表 8-6　RoBERTa 模型在 GLUE 上的结果

| | MNLI | QNLI | QQP | RTE | SST | MRPC | CoLA | STS | WNLI | Avg |
|---|---|---|---|---|---|---|---|---|---|---|
| 验证集上的单任务模型 | | | | | | | | | | |
| $BERT_{LARGE}$ | 86.6/- | 92.3 | 91.3 | 70.4 | 93.2 | 88.0 | 60.6 | 90.0 | – | – |
| $XLNet_{LARGE}$ | 89.8/- | 93.9 | 91.8 | 83.8 | 95.6 | 89.2 | 63.6 | 91.8 | – | – |
| RoBERTa | **90.2/90.2** | **94.7** | **92.2** | **86.6** | **96.4** | **90.9** | **68.0** | **92.4** | **91.3** | – |

---

⊖　通用语言理解评估（General Language Understanding Evaluation，GLUE）基准是用于评估和分析多种已有自然语言理解任务的模型性能的工具。

（续）

| | MNLI | QNLI | QQP | RTE | SST | MRPC | CoLA | STS | WNLI | Avg |
|---|---|---|---|---|---|---|---|---|---|---|
| 测试集上的汇总（来源于 2019 年 7 月 25 日的榜单） | | | | | | | | | | |
| ALICE | 88.2/87.9 | 95.7 | **90.7** | 83.5 | 95.2 | 92.6 | **68.6** | 91.1 | 80.8 | 86.3 |
| MT-DNN | 87.9/87.4 | 96.0 | 89.9 | 86.3 | 96.5 | 92.7 | 68.4 | 91.1 | 89.0 | 87.6 |
| XLNet | 90.2/89.8 | 98.6 | 90.3 | 86.3 | **96.8** | **93.0** | 67.8 | 91.6 | **90.4** | 88.4 |
| RoBERTa | **90.8/90.2** | **98.9** | 90.2 | **88.2** | 96.7 | 92.3 | 67.8 | **92.2** | 89.0 | **88.5** |

## 8.4.3 ALBERT

随着时间的推移，不乏越来越多赶超 BERT 的模型出现，ALBERT 模型就是其一，因为该模型具有一些典型的优点，所以本文会对具体细节做出介绍。

首先，认识一下 ALBERT 最大的特点：减少了参数量，维持了 BERT 的性能，这样做虽然只是降低了空间复杂度，把参数量（parameters）从 $BERT_{base}$ 的 108M 降到了 12M，但并没有降低时间复杂度。我们用 ALBERT 进行预测的速度并没有加快，甚至在同等性能的模型对比中还慢了，如表 8-7 所示。

表 8-7　ALBERT 效果

| 模型 | | 参数量 | SQuAD1.1 | SQuAD2.0 | MNLI | SST-2 | RACE | Avg | Speedup |
|---|---|---|---|---|---|---|---|---|---|
| BERT | base | 108 M | 90.4/83.2 | 80.4/77.6 | 84.5 | 92.8 | 68.2 | 82.3 | 4.7x |
| | large | 334 M | 92.2/85.5 | 85.0/82.2 | 86.6 | 93.0 | 73.9 | 85.2 | 1.0 |
| ALBERT | base | 12 M | 89.3/82.3 | 80.0/77.1 | 81.6 | 90.3 | 64.0 | 80.1 | 5.6x |
| | large | 18 M | 90.6/83.9 | 82.3/79.4 | 83.5 | 91.7 | 68.5 | 82.4 | 1.7x |
| | xlarge | 60 M | 92.5/86.1 | 86.1/83.1 | 86.4 | 92.4 | 74.8 | 85.5 | 0.6x |
| | xxlarge | 235 M | **94.1/88.3** | **88.1/85.1** | **88.0** | **95.2** | **82.3** | **88.7** | 0.3x |

ALBERT 主要通过 Factorized embedding parameterization（矩阵分解）和 Cross-layer parameter sharing（跨层参数共享）两大机制来降低参数量。

（1）Factorized embedding parameterization

在 BERT、XLNet、RoBERTa 中，词表的 embedding size（用 $E$ 表示）和 transformer 层的 hidden size（用 $H$ 表示）都是相等的，这个选择是有缺点的。

从理论上看，存储了内容信息的 $H$ 应该要远大于不太依赖内容信息的 $E$。从实际情况看，如果 $E=H$ 的话，由于字典太大，模型的参数量就容易非常大。ALBERT 使用了小一些的 $E$，训练一个独立于上下文的 embedding（维度为 $V×E$），之后计算时再投影到隐层的空间上（乘以一个 $E×H$ 的矩阵），相当于做了一个因式分解。表 8-8 中展示了 $E$ 对模型效果的影响。

表 8-8　embedding size 对模型的影响

| 模　型 | $E$ | 参数量 | SQuAD1.1 | SQuAD2.0 | MNLI | SST-2 | RACE | Avg |
|---|---|---|---|---|---|---|---|---|
| ALBERT base 没有参数共享 | 64 | 87 M | 89.9/82.9 | 80.1/77.8 | 82.9 | 91.5 | 66.7 | 81.3 |
| | 128 | 89 M | 89.9/82.8 | 80.3/77.3 | 83.7 | 91.5 | 67.9 | 81.7 |
| | 256 | 93 M | 90.2/83.2 | 80.3/77.4 | 84.1 | 91.9 | 67.3 | 81.8 |
| | 768 | 108 M | 90.4/83.2 | 80.4/77.6 | 84.5 | 92.8 | 68.2 | 82.3 |
| ALBERT base 全部共享 | 64 | 10 M | 88.7/81.4 | 77.5/74.8 | 80.8 | 89.4 | 63.5 | 79.0 |
| | 128 | 12 M | 89.3/82.3 | 80.0/77.1 | 81.6 | 90.3 | 64.0 | 80.1 |
| | 256 | 16 M | 88.8/81.5 | 79.1/76.3 | 81.5 | 90.3 | 63.4 | 79.6 |
| | 768 | 31 M | 88.6/81.5 | 79.2/76.6 | 82.0 | 90.6 | 63.3 | 79.8 |

下面举例说明因式分解方法减掉了多少参数量。中文 BERT 的词汇表大小大约为 20000，参数量为 $20000 \times 768 \approx 15\,M$，用参数 $E$ 分解矩阵的话，参数量为 $20000 \times 128 + 128 \times 768 \approx 2\,M+$，大概降低了 12 M。

（2）Cross-layer parameter sharing

除了矩阵分解能够降低模型参数量之外，其实，跨层参数共享也是 ALBERT 的重中之重，因为它的存在减少了 BERT 模型的绝大部分的参数。跨层共享的机制非常简单，就是单独用一个 Self-Attention 层循环 12 次，每一层的参数都一样。这样就可以用 1 层的参数量来表示 12 层的参数，因此，模型的参数实现了大量的减少。

研究者给 BERT 的每一层参数做了分析，发现每一层的参数基本相似，因此直接共享了。从表 8-9 中的实验结果也可以看出，在保持模型性能下降不多的同时，选择所有层次参数共享，降低的参数量是最多的，所以，ALBERT 默认所有层次参数共享。

表 8-9　ALBERT 层参数共享效果

| 模　型 | | 参数量 | SQuAD1.1 | SQuAD2.0 | MNLI | SST-2 | RACE | Avg |
|---|---|---|---|---|---|---|---|---|
| ALBERT base $E=768$ | 全部共享 | 31 M | 88.6/81.5 | 79.2/76.6 | 82.0 | 90.6 | 63.3 | 79.8 |
| | 只共享注意力层 | 83 M | 89.9/82.7 | 80.0/77.2 | 84.0 | 91.4 | 67.7 | 81.6 |
| | 只共享全连接层 | 57 M | 89.2/82.1 | 78.2/75.4 | 81.5 | 90.8 | 62.6 | 79.5 |
| | 没有参数共享 | 108 M | 90.4/83.2 | 80.4/77.6 | 84.5 | 92.8 | 68.2 | 82.3 |
| ALBERT base $E=128$ | 全部共享 | 12 M | 89.3/82.3 | 80.0/77.1 | 82.0 | 90.3 | 64.0 | 80.1 |
| | 只共享注意力层 | 64 M | 89.9/82.8 | 80.7/77.9 | 83.4 | 91.9 | 67.6 | 81.7 |
| | 只共享全连接层 | 38 M | 88.9/81.6 | 78.6/75.6 | 82.3 | 91.7 | 64.4 | 80.2 |
| | 没有参数共享 | 89 M | 89.9/82.8 | 80.3/77.3 | 83.2 | 91.5 | 67.9 | 81.6 |

参数共享的好处还不止这些，研究者对比了模型每层输入、输出的 L2 距离（L2 distance）和余弦相似度（Cosine Similarity），从图 8-13 可以看出，BERT 模型的结果比较振荡，而 ALBERT 的表现还是很稳定，这是因为 ALBERT 有稳定网络参数的作用。

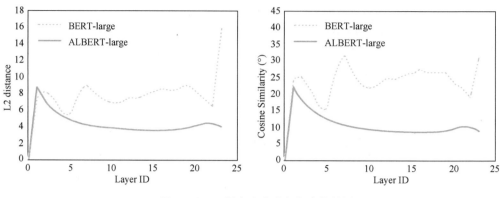

●图 8-13    L2 距离和余弦相似度的结果

除了上述降低参数量的特点之外，ALBERT 在训练任务也做了些迭代。

从 RoBERTa 模型的内容看，很多 BERT 类的模型在预训练的过程中放弃了 NSP 任务，通过部分实验可以看出，去掉 NSP 任务后，下游 NLP 任务的表现反而会更好。所以 ALBERT 也没有采用 NSP 任务，而是采用了 SOP（Sentence Order Prediction，句子语序预测）任务作为预训练任务。

SOP 任务很简单，它的正例和 NSP 任务一致（判断两句话是否有顺序关系），反例则是判断两句话是否为反序关系。

举个 SOP 的例子如下。

正例：1. 今晚去球馆打球。2. 记得带队服。

反例：1. 记得带队服。2. 今晚去球馆打球。

从表 8-10 中也可以看出，使用 SOP 任务的 ALBERT 显然在微调（fine-tune）下游任务时效果更好。

表 8-10    NSP 与 SOP 效果对比

| SP 任务 | 原始训练任务 | | | 下 游 任 务 | | | | | 平均值 |
| --- | --- | --- | --- | --- | --- | --- | --- | --- | --- |
| | MLM | NSP | SOP | SQuAD1.1 | SQuAD2.0 | MNLI | SST-2 | RACE | |
| None | 54.9 | 52.4 | 53.3 | 88.6/81.5 | 78.1/75.3 | 81.5 | 89.9 | 61.7 | 79.0 |
| NSP | 54.5 | 90.5 | 52.0 | 88.4/81.5 | 77.2/74.6 | 81.6 | **91.1** | 62.3 | 79.2 |
| SOP | 54.0 | 78.9 | 86.5 | **89.3/82.3** | **80.0/77.1** | **82.0** | 90.3 | **64.0** | **80.1** |

## 8.5   代码实战：预训练模型

随着预训练模型的不断迭代，出现了许多基于预训练模型的框架工具，此处推荐使用 Transformers 库，下面给出一个情感分析实例供读者学习。

```python
import torch
import torch.nn as nn
import torch.optim as optim
#使用 transformers 包
from transformers import BertTokenizer, BertModel
from torchtext import data, datasets
import numpy as np
import random
import time


#参数
SEED = 1234
TRAIN = False
BATCH_SIZE = 128
N_EPOCHS = 5
HIDDEN_DIM = 256
OUTPUT_DIM = 1
N_LAYERS = 2
BIDIRECTIONAL = True
DROPOUT = 0.25


TEXT = "I like you!"


#固定模型用种子,便于重复实验
random.seed(SEED)
np.random.seed(SEED)
torch.manual_seed(SEED)
torch.backends.cudnn.deterministic = True


#应用 transformers 中的 Tokenizer
tokenizer = BertTokenizer.from_pretrained('bert-base-uncased')
init_token_id =tokenizer.cls_token_id
eos_token_id   =tokenizer.sep_token_id
pad_token_id   =tokenizer.pad_token_id
unk_token_id   = tokenizer.unk_token_id


max_input_len =tokenizer.max_model_input_sizes['bert-base-uncased']
```

```
#将句子长度切割成 510 长,为了加上开头和最后一个 token
def tokenize_and_crop(sentence):
    tokens = tokenizer.tokenize(sentence)
    tokens = tokens[:max_input_len - 2]
    return tokens


#加载 PyTorch 提供的 IMDB 数据
def load_data():
    text = data.Field(
        batch_first=True,
        use_vocab=False,
        tokenize=tokenize_and_crop,
        preprocessing=tokenizer.convert_tokens_to_ids,
        init_token=init_token_id,
        pad_token=pad_token_id,
        unk_token=unk_token_id
    )

    label = data.LabelField(dtype=torch.float)

    train_data, test_data  = datasets.IMDB.splits(text, label)
    train_data, valid_data = train_data.split(random_state=random.seed(SEED))

    print(f"training examples count: {len(train_data)}")
    print(f"test examples count: {len(test_data)}")
    print(f"validation examples count: {len(valid_data)}")

    label.build_vocab(train_data)

    train_iter, valid_iter, test_iter = data.BucketIterator.splits(
        (train_data, valid_data, test_data),
        batch_size=BATCH_SIZE,
        device=device
    )

    return train_iter, valid_iter, test_iter
```

```python
#看是否有 GPU
device = 'cuda' if torch.cuda.is_available() else 'cpu'


#通过 transformers 包,建立 BERT 模型
bert_model =BertModel.from_pretrained('bert-base-uncased')


#此处用 BERT 作为基础模型完成情感分析任务
#在 BERT 之上加两层 GRU
#最后接一层线性层用于完成分类任务
class SentimentModel(nn.Module):
    def __init__(
        self,
        bert,
        hidden_dim,
        output_dim,
        n_layers,
        bidirectional,
        dropout
    ):

        super(SentimentModel, self).__init__()

        self.bert = bert
        embedding_dim = bert.config.to_dict()['hidden_size']
        self.rnn = nn.GRU(
            embedding_dim,
            hidden_dim,
            num_layers =n_layers,
            bidirectional =bidirectional,
            batch_first =True,
            dropout =0 if n_layers < 2 else dropout
            )
        self.out = nn.Linear(hidden_dim * 2 if bidirectional else hidden_dim,
output_dim)
        self.dropout = nn.Dropout(dropout)


    def forward(self, text):
```

```
        with torch.no_grad():
            embedded = self.bert(text)[0]

        _, hidden = self.rnn(embedded)

        if self.rnn.bidirectional:
            hidden = self.dropout(torch.cat((hidden[-2,:,:], hidden[-1,:,:]),
dim = 1))
        else:
            hidden = self.dropout(hidden[-1,:,:])

        output = self.out(hidden)
        return output

model =SentimentModel(
    bert_model,
    HIDDEN_DIM,
    OUTPUT_DIM,
    N_LAYERS,
    BIDIRECTIONAL,
    DROPOUT
)
print(model)

#一个 epoch 需要多长时间
def epoch_time(start_time, end_time):
    elapsed_time = end_time - start_time
    elapsed_mins = int(elapsed_time /60)
    elapsed_secs = int(elapsed_time - (elapsed_mins * 60))
    return elapsed_mins, elapsed_secs

#二分类问题的 accuracy
def binary_accuracy(preds, y):
    rounded_preds = torch.round(torch.sigmoid(preds))
    correct = (rounded_preds == y).float()
    acc = correct.sum() /len(correct)
    return acc
```

```
#一个训练步
def train(model,iterator, optimizer, criterion):
    epoch_loss = 0
    epoch_acc = 0

    model.train()

    for batch in iterator:
        optimizer.zero_grad()
        predictions = model(batch.text).squeeze(1)
        loss = criterion(predictions, batch.label)
        acc = binary_accuracy(predictions, batch.label)
        loss.backward()
        optimizer.step()
        epoch_loss += loss.item()
        epoch_acc += acc.item()

    return epoch_loss / len(iterator), epoch_acc / len(iterator)

#验证模型
def evaluate(model,iterator, criterion):
    epoch_loss = 0
    epoch_acc = 0

    model.eval()

    with torch.no_grad():
        for batch in iterator:
            predictions = model(batch.text).squeeze(1)
            loss = criterion(predictions, batch.label)
            acc = binary_accuracy(predictions, batch.label)
            epoch_loss += loss.item()
            epoch_acc += acc.item()

    return epoch_loss / len(iterator), epoch_acc / len(iterator)

#预测模型
```

```python
def predict_sentiment(model,tokenizer, sentence):
    model.eval()
    tokens =tokenizer.tokenize(sentence)
    tokens = tokens[:max_input_len - 2]
    indexed = [init_token_id] +tokenizer.convert_tokens_to_ids(tokens) + [eos_token_id]
    tensor = torch.LongTensor(indexed).to(device)
    tensor = tensor.unsqueeze(0)
    prediction = torch.sigmoid(model(tensor))
    return prediction.item()


if __name__ == "__main__":
    #开始训练
    if TRAIN:
        #读取数据
        train_iter, valid_iter, test_iter = load_data()

        optimizer =optim.Adam(model.parameters())
        criterion = nn.BCEWithLogitsLoss().to(device)
        model = model.to(device)

        best_val_loss = float('inf')

        for epoch in range(N_EPOCHS):
            start_time = time.time()
            #训练一个 epoch
            train_loss, train_acc = train(model, train_iter, optimizer, criterion)
            valid_loss, valid_acc = evaluate(model, valid_iter, criterion)

            end_time = time.time()

            epoch_mins, epoch_secs = epoch_time(start_time, end_time)

            if valid_loss < best_valid_loss:
                best_valid_loss = valid_loss
                torch.save(model.state_dict(), 'model.pt')
```

```
        print (f'Epoch: {epoch+1:02} | Epoch Time: {epoch_mins}m {epoch_secs}s')
        print (f'\tTrain Loss: {train_loss:.3f} | Train Acc: {train_acc * 100:
.2f}%')
        print (f'\t Val. Loss: {valid_loss:.3f} |  Val. Acc: {valid_acc * 100:
.2f}%')
    #测试
    model.load_state_dict (torch.load ('model.pt'))
    test_loss, test_acc = evaluate (model, test_iter, criterion)
    print (f'Test Loss: {test_loss:.3f} | Test Acc: {test_acc * 100:.2f}%')

#推理结果
else:
    model.load_state_dict (torch.load ('model.pt', map_location=device))
    sentiment = predict_sentiment (model,tokenizer, TEXT)
    print (sentiment)
```

# 参 考 文 献

［1］ BENGIO Y, DUCHARME R, VINCENT P. A neural probabilistic language model ［J］. Journal of Machine Learning Research, 2003 (3): 1137-1155.

［2］ BENGIO S. VINYALS O, JAITLY N, et al. Scheduled sampling for sequence prediction with recurrent neural networks ［J］. NIPS, 2015.

［3］ MIKOLOV T, CHEN K, CORRADO G, et al. Efficient estimation of word representations in vector space ［J］. 2013.

［4］ MORIN F, BENGIO Y. Hierarchical probabilistic neural network language model ［C］// AISTATS 2005-Proceedings of the 10th International Workshop on Artificial Intelligence and Statistics, 2005.

［5］ PENNINGTON J, SOCHER R, Manning C. GloVe: global vectors for word representation ［C］//Proceedings of the 2014 Conference on Empirical Methods in Natural Language Processing (EMNLP), 2014.

［6］ BAHDANAU D, CHO K, BENGIO Y. Neural machine translation by jointly learning to align and translate ［J］. ICLR, 2014.

［7］ HOCHREITER S, SCHMIDHUBER J. Long Short-Term Memory ［J］. Neural Computation, 1997, 9 (8): 1735-1780.

［8］ CHO K, VAN MERRIENBOER B, GULCEHRE C, et al. Learning phrase representations using RNN Encoder-Decoder for statistical machine translation ［J］. Computer Science, 2014.

［9］ PETERS M E, NEUMANN M, IYYER M, et al. Deep contextualized word representations ［J］. ACL, 2018.

［10］ ASHISH V, NOAM S, NIKI P, et al. Attention is all you need ［J］. NIPS, 2017.

［11］ SUTSKEVER I, VINYALS O, LE Q V. Sequence to sequence learning with neural networks ［J］. Advances in neural information processing systems, 2014.